本书受绍兴文理学院出版基金资助

壬寅年360度玉兰植物观察与艺术创作

叶晓燕　著

U0212904

中国商业出版社

图书在版编目（ＣＩＰ）数据

壬寅年360度玉兰植物观察与艺术创作 ／ 叶晓燕著
. -- 北京 ： 中国商业出版社，2023.8
ISBN 978-7-5208-2600-6

Ⅰ．①壬… Ⅱ．①叶… Ⅲ．①玉兰－观赏园艺 Ⅳ.
①S685.15

中国国家版本馆CIP数据核字(2023)第163857号

责任编辑：陈　皓
策划编辑：常　松

常松
21/8

中国商业出版社出版发行

（www.zgsycb.com　100053 北京广安门内报国寺 1 号）

总编室：010-63180647　编辑室：010-83114579

发行部：010-83120835/8286

新华书店经销

定州启航印刷有限公司印刷

＊

710 毫米 × 1000 毫米　16 开　19.5 印张　300 千字

2023 年 8 月第 1 版　2023 年 8 月第 1 次印刷

定价：98.00 元

＊　＊　＊　＊

（如有印装质量问题可更换）

序一

　　观察是人的一种基本能力，也是一种基本研究方法。古今中外不乏观察力出众者。达尔文曾谦虚地自评道："我既没有突出的理解力，也没有过人的机智，只是在觉察那些稍纵即逝的事物并对其进行精细观察的能力上，我可能在众人之上。"对事物的观察有助于提升人们获得美感的能力，即审美能力。休谟认为，审美能力与观察的仔细程度有关，快速发现细微差别对于审美能力十分重要。

　　归根结底，观察是人们认识客观世界的基本途径。不同知识背景的人通过同样的观察路径，对世界的认知维度会有明显不同，而且对观察结果的运用也有所差异。本书及其所基于的"观察一棵树"活动就为人们呈现了一个生动的案例。

　　对于一棵树的观察，大众可能会关注不同器官的形态和结构。植物生态学家可能会关注物候在不同树种之间的差异，不同性别、不同生境、不同地区、不同年份的同一树种的差异。而本书作者叶晓燕是一名风景园林专业的教师，她在观察过程中，关注树在形态、结构方面的特征及其物候变化，同时赋予自然审美的眼光。紧跟观察的学习行为是记录，本书记录了作者一年的观察及所见所想，从而为本书的撰写提供了宝贵的原始素材。在素材整理的过程中，作者采用自然审美方法论，从外在表象（物相）、内在属性（物

性）、内在机理（物功）、演化历史（物史）四个层次构建了内容框架，并围绕二十四节气的时间轴展开。

在此基础上，作者结合自己的专业背景，从植物艺术创作和设计转化的角度，思考、总结以植物为媒介的各类艺术创作实例，包括设计、绘画、文学、自然教育等方面的实践和成果，感叹植物之于艺术创作源源不断的灵感源泉，激发人们热爱自然、感恩自然、敬畏自然。

因此，本书的创作过程可概括为观察、记录、整理、理论指导的重构、文献综合的升华。后续的再观察，则启动了第二轮螺旋式观察和思考的上升过程。这个流程就是学习和研究的基本过程，也是门槛不高、实践有效、持续精进的方法。这种方法不仅适用于大众的终身学习，还适用于高校师生的实践教学和非正式学习，用以提升观察、思考的能力和培养对植物的情感。人的观察能力是可以通过刻意训练来提升和强化的。重要的是实践，马上行动，将计划付诸实践。希望读者能通过"观察一棵树"的方法获得自我成长的学习方法和动力。

是为序。

赵云鹏

浙江大学生命科学学院　教授、博士生导师

序二

观察一棵树是一种思考方式

2022 年，壹木自然读书会开展了一个"观察一棵树"的活动，活动的创意来自《怎样观察一棵树》和《种子的自我修养》这两本书。2023 年年初，叶晓燕老师就给我发来了她这一年观察一棵树的记录。阅读完全文，让我惊叹的是叶晓燕老师细致的观察与深入的思考。

我们要求参加活动的朋友在自己的小区或者单位，为自己寻找一棵树，这棵树既可以是玉兰、樟树，也可以是银杏，但必须是一棵能够经常见到的树。活动要求全方位观察这一棵树，认识它的外在特征，根、茎、叶、花、果、枝，无论是春夏秋冬、阴晴雨露，还是白天、晚上，都与它相处一段时间。观察一棵树，也要认识树的社交网络，如观察树上的昆虫、鸟类、苔藓、蚂蚁，还有树下乘凉的老人、玩耍的孩子、走过的路人。观察成果的表现方式就是进行长期持续的记录。也许树在悄悄发生变化，但是我们如此高频率地观察，是感受不到树的变化的。因此，天天去观察同一棵树，其实是一件较为寂寞的事情。如何寻找观察角度，是一个需要思考的问题，而长期持续地进行记录，更是一件考验耐力的事情。正如彼得·渥雷本在《树的秘密语言》中所说："树木，无声无息地仁立在花园里，让人感到如此的莫测高深。"

树木是地球上强壮的生物，有着很长的生命，但我们对这巨大生物的了解却少之又少。有时，我们会感觉粗糙的树皮下一定还隐藏着更多秘密，而那是我们在第一眼看到树木时无法知晓的。

叶晓燕老师对于树的观察，实现了全记录，她观察玉兰的抽芽、开花、结果，玉兰的树皮、冬芽、树叶。她对玉兰树上每一部分的生长变化都进行了观察和记录。她的这种观察和记录是全方位的，包括摄影、绘画、文学描述、自然游戏等方面，而且她把这种观察带入对儿子的陪伴和成长中。在叶晓燕老师的这些观察记录中，能够感受到她对玉兰生出的一种细腻的、无法摆脱的情结。

更重要的是，在观察树的过程中，产生了很多问题，为了解决这些问题，需要深入的思考。树为什么会这样生长？树受伤了以后会发生什么样的事情？玉兰的种子是如何传播的？谁喜欢吃玉兰的种子？这些让人好奇的问题，引导我们深入思考关于树的各种问题。且为了寻找答案，需要我们不停地深入观察与思考，进而延伸到对人类自身的思考。叶晓燕老师的观察记录，不仅展现了玉兰一年的生长变化，更把这种观察方法与自己的专业进行了结合和探索，这就升华了"观察一棵树"活动的意义。

由此看来，天天去观察一棵树，不但没有让人感觉到寂寞，反而让人更加迷恋大自然的奇妙和生命发生的变化，哪怕它只是一棵不会说话、不会移动的树。每一天它也都在向我们展示：生命是多么充满朝气和活力，多么生机勃勃。

我们总是行色匆匆，步履疲惫，没有时间停下来感受身边的风景。在树下站一会儿，和大树说一会儿话，对大自然的宁静沉思，都是一种获得能量的源泉，可以凝结成一种更深入地概括与分析世界的能力，那是一种被现代快节奏生活掩盖的智慧。

在大树下坐一坐吧，认真地看一看它，摸一摸它的树皮，闻一闻它的树叶，你一定会获得身心平和的灵丹妙药。

是为序。

壹木自然读书会主持人

"观察一棵树"活动发起人

林捷（小丸子）

自　序

　　研究植物的形态结构在艺术创作实践中的应用，既是探索人与自然和谐相处的新方向，也是探索现代审美艺术的新表达。以植物为媒介进行艺术创作，应该建立在对植物进行深入观察的基础之上，这个过程就是植物田野调查的过程。

　　深入细致的植物田野调查可以为艺术创作带来丰富的灵感和素材，依据植物的基本形态，客观地遵循植物的形态特点、荣枯节律、生态智慧和生存策略，使艺术创作有依据、有来源、有基础、有依托。

　　本书通过一年内对同一棵树进行360度观察，以日记体的形式全方位了解和记录其生长、相互作用及其与外界环境的关系，可视为一种对植物进行田野调查的样本。

导　言

　　不敢想象，如果地球上没有植物，将会是怎样一幅景象。植物之于自然、生态系统及人类的重要性不言而喻，它不仅为人类提供了必备的生存条件，还与人类文明的发展有着千丝万缕的联系，对人类生存、社会发展、文明进步有着重要作用。

　　作为一名高校园林景观专业教学工作者，笔者热爱植物，对植物有着多年的探索、积累和思考。因缘际会，由壹木自然读书会群主林捷发起，始于2022年（壬寅年）年初的一场"观察一棵树"活动，使笔者专注于对一种主体植物——玉兰，进行了360度全方位沉浸式的观察，并以日记体的形式对观察主体进行了记录。

　　约翰·沃尔夫冈·冯·歌德说："思考比了解更有意思，但比不上观察。"那么，如何欣赏和观察自然与植物？如何与自然重建联系？南开大学哲学院教授、中国美学方向博士生导师薛富兴指出自然审美的现状：传统自然审美并未实现自觉。长期以来，除形式美之外，自然审美欣赏到底欣赏自然对象的什么和怎么去欣赏，一直没有较为妥当的回答。

　　对于这个问题，薛富兴在他的自然审美系列研究尤其是在《自然美特性系统》与《环境美学视野下的自然美育论》中有过详细的论述。他指出，

欣赏自然美不能只简单地停留在自然对象的形式、表象之美，否则自然美的内涵就太过单薄，且只停留于悦耳目的的生理快感层面。因此，当代自然美育需要建立起完善、恰当的自然审美基本规范，从根本上改变自然审美"怎么都成"之局面。

根据蔡仪与艾伦·卡尔松的自然审美客观性原则，比较恰当的自然审美欣赏应当是对自然对象、现象自身特性的欣赏。而自然对象特性系统由四个层次构成，即"物相""物性""物功""物史"。

"物相"是第一个层次，为自然对象、现象的外在感性表象，也是对观察对象客观的外在欣赏。以植物为例，观察者一眼就能看见植物的茎、叶、花、果实、种子等外在的形态和样貌，对它们的观察体验属于感官浅层次形式美层面的欣赏。对"物相"的欣赏可依赖于审美感官来直接获得。

如果我们足够热爱自然，就不会只满足于对自然对象浅层形式美的欣赏，而不自觉地想要进一步由现象到本质，由形式到内容，深入自然对象内在事实的了解，去探究自然对象的内在特性。这时，我们需要进入自然审美的第二个层次——"物性"，即决定一个对象为它本身所具有的内在本质属性。具体到植物，"物性"有三个层面的含义。一是该植物所实有的，即从客观角度来看植物本身所具有的实际状态和样貌，不涉及人为的、主观的"人化"因素，因而可以排除审美主体对植物的主观意义赋予行为，从而更加关注植物本身。在这一点上和第一层次的"物相"契合，但明确指出对观察对象的欣赏要去除"人化"。二是该植物的内在本质属性，区别于注重外在表象的"物相"，从而引导观察者在自然科学知识的引导下对植物进行研究式的考察和理解；三是该植物区别于其他物种或本物种所独有的特征，对这种独特性的发现和审美，可以使人们摆脱对观察对象类型化的普遍印象，使审美关照由粗转精，获得对植物最为个性化的观察体验。因而，对观察对象的"物性"的理解包含着三种超越：一是超越"物相"之美，二是超越常识性认识，三是超越对自然自我表现式的人文利用。

以上"物相""物性"解答了"自然是什么"，即"自然之然"的问题。如果我们在足够热爱自然的基础上真正热爱自然，我们的欣赏还可以再进一层，那就是要努力去了解和理解"自然何以如此"的问题。这就需要我们进入自然审美的第三个层次——"物功"，即特定对象诸要素、特性相互合作，共同服务于该对象正常生存和发展的内在机理，也就是对"自然之所以然"的探究。具体到植物，即观察者在观察的时候可以有意识地去探究植物为什么长这样，这样的造型、结构、形态、色彩等对它的生存和繁衍有什么好处等。在观察的过程中，我们会发现，植物的许多内在特性及要素、特性间的相互合作机理，单靠我们的感官进行观察没有办法做出可靠的判断，而必须要借助自然科学理性研究的既有成果来解决，这一点在马炜梁的《植物的"智慧"》里有深度的阐述和呈现。因此，"物性""物功"层面的欣赏需要自然科学知识和既有研究成果的巨大支持，属于"研究式"的欣赏。

"物相""物性""物功"三个层次都是对自然对象、现象静态的空间式欣赏。自然审美欣赏还应呈现另一种景观，即从动态的角度感知和体验自然对象的演化历史。例如，对生命短暂易逝、自然界周而复始的生命节律的观察和思考。这就涉及自然审美的第四个层次——"物史"，即特定物种自然对象在地球生命史上的产生、持存和进化史，或独特命运史。以植物观察为例，"物史"为观察者开辟出一个全新的视角，指引观察者从自然史（植物进化史）的角度，以地球生命史为宏观背景，用纵向展开的深邃历史眼光，观照、感知和体验该类物种独特、悠久的生命奇迹，进而欣赏植物独特的美。由此，使观察者进一步认识到，在宇宙这个大熔炉中，地球上每一个物种的命运史，都值得人类仰慕和崇敬，因为每一个物种能延续至今都是奇迹，无论是小草、昆虫还是顽石。

上述四个层次构成一个由外到内、动静结合，较完善的自然特性系统。这一自然特性理论系统符合了自然审美客观性原则，阐释了自然审美欣赏的具体内容。通过以上分析，笔者对自然审美指导下的观树视角进行了总结，绘制出思维导图。

薛富兴的自然美特性系统对"观察一棵树"活动具有积极的指导意义。它使我们在观察和阅读的过程中，深入思考从哪几个角度去欣赏自然和植物，从而真正实现审美自觉。

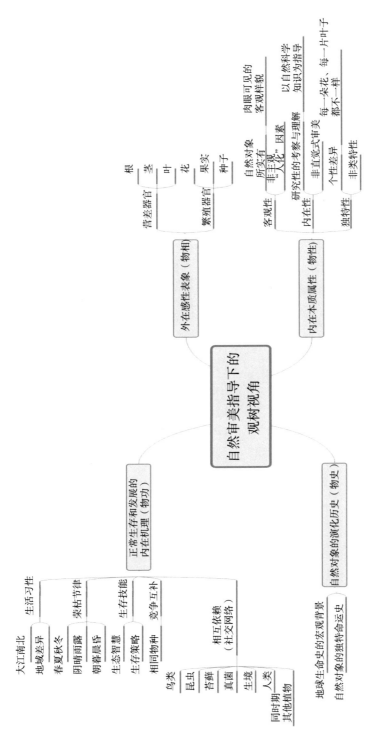

自然审美指导下的观树视角

在观树活动记录的过程中,一开始笔者并未点对点地在文字中一一体现自然审美欣赏的相关理论。但在整理书稿的过程中,笔者却发现薛富兴的自然美特性系统在本年度的植物观察中不自觉地得到了验证和深入实践。我们不仅观察树的基本形态,认识它的外在感性表象("物相"),我们还在植物学、博物学、生态学、地理学等自然科学知识的指导下去探究树的各部分形态结构的内在特点,探索每一株植物、每一朵花、每一片叶子、每一条叶脉与众不同的美("物性"),我们还更加深入地去观察和研究植物的每一部分,包括花瓣为什么长成这样、雌蕊和雄蕊为什么错峰成熟、种子为什么带着翅膀或挂在种荚中荡秋千等,探究这样的造型对它的生存有怎样的帮助和好处("物功")。我们还从更宽广的视角对植物的生命进行礼赞("物史"),为它写诗词歌赋,为它作画,为它进行各种艺术创作。通过观察一棵树,培养了我们深入探究自然界深度奥秘的格物之趣,也使我们更加客观地对待自然对象,从而更加尊重自然、关爱自然、感恩自然和敬畏自然。

本书是笔者在对特定物种——玉兰进行全年观察、记录和总结的基础上,进一步结合自己的专业背景对植物观察成果的再创作进行的探讨、收集和整理,提炼出一套植物观察与艺术创作的路径和方法。这种观察方法、视角和路径使植物艺术创作的素材和源泉变得更为精彩和丰富,它们可以是肉眼可见的植物的根、茎、叶、花、果实、种子,也可以是显微镜下才可以观察到的植物的精妙结构,甚至可以是植物内在包含的生存策略和生态智慧以及与之共生的一切(鸟、兽、草、木、虫等)。同时,本书在薛富兴自然审美特性系统相关理论的指导下,期望能对自然审美相关理论进行进一步拓展,使之在艺术创作领域得到推广、实践和运用,达成自然审美理论与实践的对接,为植物艺术创作的素材收集和灵感启发提供一种视角和思路。

我国古人通过观察天体运行,对一年中不同时令的气候和物候变化规律进行总结,以此来掌握天文气象变化的规律,并将天文、物候、农事、民俗进行巧妙结合,形成中国独有的二十四节气历法。二十四节气与植物荣枯节律息息相关,蕴含着植物生长的奥秘。它所折射的每一个物候,都可以从植物身上得到印证。这是本书主体章节依照二十四节气、跟随植物花草荣枯节律来排布的原因。每一个节气的开篇引用与该节气有关的诗词来

呈现，并对该节气的特点进行描述。同时，在观察过程中以观察主体为内容，制作每一个节气的节气照，用以体现植物随节气变化的荣枯节律，形成二十四节气照。

附录部分为笔者通过对植物的观察，结合自己的专业，从植物艺术创作及设计转化的角度进行的思考、实践，以及对现有相关资料的收集和总结，以期在观察实践的基础上，结合各类型的艺术创作对薛富兴的自然审美理论成果进一步阐述，也为下一步相关内容的研究奠定基础。

需要说明的是，本附录部分并不是以笔者观察的主体玉兰为单一的创作媒介，而是将关于玉兰部分的艺术创作分散融入一年的记录中，从更大的范围内去思考、整理和总结以植物为媒介的各类艺术创作，包括设计、绘画、文学、自然教育等方面的践行及成果体现，以此来说明植物作为艺术创作的灵感源泉对于我们而言是取之不尽、用之不竭的馈赠，进而使我们更加热爱自然、感恩自然、敬畏自然。

特别说明：

1. 书中显微镜下的刻度板每格为 5 毫米。

2. 书中使用的翅膀、半边莲、大鸟、蒲公英、豆包菜、圆蜗牛、树蛙、蒹葭、紫叶等植物或动物名均为各位老师的昵称（自然名）。

目录

小引

2022 年 1 月 8 日上午 10 点零 5 分，红丽老师给我发来邀请："今年观察一棵树活动我们组认领了玉兰，你家门口或者附近有没有可以经常观察到的玉兰？我们一起来观察吧！"我在脑海里搜寻了一番，对于在身边可以常常照面的玉兰完全没有印象。随后，我发现在住了将近 7 年的老旧小区里竟然有好几株玉兰。我工作室楼下的花坛里也有一株，也就是本书的主角"小友"，我天天从它身边走过却视而不见，错失太多美好的景色。

同样在这天，我加入"观察一棵树"（玉兰组）。随后，我的微信收到了一条信息："观察一棵树不仅仅是观察一棵树，我们可以观察的东西很多，可以是定点观察同一株（种）玉兰本身，也可以是与这株植物相关的一切，包括鸟、兽、草、木、虫、民俗及文化等。"

观察的同时，我们设定了相应的时间节点和目标。可以记录的时间节点包括花芽（花芽孕育过程）、花开（第一朵）、花落（最后一朵）、叶展（第一片）、叶落（最后一片）、叶色的变化（变色程度）、结果、落果等，通过这些时间节点来记录玉兰一年的生命周期；二十四节气每个节气对应的日期及植物状态。观察之后的目标包括：形成开花、落叶图；形成树叶变色图；形成"玉兰的一年"图册；形成对玉兰文化（民俗）的记录。

需要完成的作业包括：每个时间节点上传观察图片；每个月，在观察群里上交观察记录；每周、每个节气观察组成员进行分享交流。

一个人可以走得更快，一群人可以走得更远。2022 年年初，全国各地天南海北的一群人开启了一起观察一棵树的旅程，一路走来，大家互相滋养，越到后面越觉得一年观察一棵树的意义远远超出了一开始的想象和预期。

2022 年 1 月 8 日晚上 8 点 10 分，玉兰组组长超妈发了第一篇记录——"夜探玉兰"，带领着我们踏出了观察的第一步。

鉴于记录的节点始于 2022 年 1 月 9 日，所以错过了 2022 年 1 月 5 日的"小寒"，在此作一个解释说明。

第一章
天渐寒，土壤冻结、河流冰封之小寒

咏廿四气诗·小寒十二月节

唐·元稹

小寒连大吕，欢鹊垒新巢。

拾食寻河曲，衔紫绕树梢。

霜鹰近北首，雏雉隐丛茅。

莫怪严凝切，春冬正月交。

小寒是二十四节气中的第二十三个节气，冬季的第五个节气。

小寒节气的特点就是寒冷，但是却还没有冷到极致。

中国古代将"小寒"分为三候："一候雁北乡，二候鹊始巢，三候雉始鸲。"古人认为候鸟中大雁顺阴阳而迁移，此时节阳气已动，所以大雁开始向北迁移；此时节北方到处可以见到喜鹊，并且它们感受到气温的上升就会开始筑巢；雉鸲的"鸲"为鸣叫的意思，雉在接近四九时也会因为感受到气温的上升而开始鸣叫。

小寒节气的花信风：一候梅花，二候山茶，三候水仙。

光秃秃的玉兰树暗藏生机，毛茸茸的花苞熠熠生辉，枝条错综复杂全然展现。

生境中的臭椿、鸡爪槭在寂静中默默酝酿，深山含笑、山麦冬依旧生机盎然。

2022-01-09　4～7℃ 阴 偶有小雨 空气优 小寒

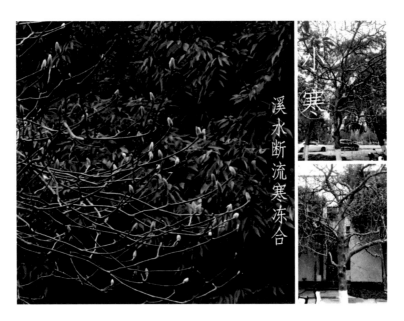

小寒节气照

　　本以为现在观察玉兰需要去公园，昨天临睡前忽然想起我的工作室恂如美术楼下不是就有一株玉兰吗？于是我一早来到美术楼下停好车，第一件事就是去看它。

恂如美术楼下的玉兰和它的邻居

　　美术楼下的这片小花园，对我来说再熟悉不过了，这里物种丰富，有朴树、臭椿、枫杨、水杉、杨树、深山含笑、玉兰、泡桐、含笑、八角金盘、

莢蒾、鸡爪槭，还有一些灌木、草本植物等，每个物种都是我一年四季观察的对象。冬季阴天的这片花园，显得有些萧瑟：臭椿的树干早已光秃秃了，鸡爪槭也差不多，中间同样掉光树叶的那棵就是玉兰了。右边最靠前的是深山含笑，它依旧绿油油的。玉兰的枝条很有个性，充满了节奏感，但因为有点高，所以它的细节没有办法被观察到。

先放一张去年玉兰花开的样子，今年再和群友一起用文字和图片来深入观察和记录。

2021 年玉兰花开记录

2022-01-10 4 ～ 9℃ 阴 偶有小雨 空气良

今天是腊八节，天气似乎较昨天好些，虽然依旧阴天，但感觉没那么阴冷。送完儿子，我到美术楼下的时候，看向那排水杉，只见它们棕褐色的树干泛出暖暖的光，有那么一会儿，感觉太阳似乎出来了。停好车，第一件事当然还是去看我的主角——玉兰。

昨天介绍了玉兰的生境，但是只远远地看了个大概。和边上高大挺立、光秃到底的臭椿不一样，玉兰就像个小女生，婀娜妩媚许多，虽然也没有叶子，但有许多毛茸茸的像小蜡烛的花苞点缀在枝头。这表明玉兰即使是在惨淡的时候，也要展现最好的自我，兀自热闹，绝不凑合。

远远地看，玉兰树枝上点缀的小花苞泛着银白色的光，就像点点繁星坠落在交织错落的枝头，令萧瑟的冬天也生动起来。

2022-01-11　0～8℃ 阴 空气良

这个时节的玉兰树是静默的，整棵树被深灰褐带点土黄色包裹起来，似乎想竭力隐匿于大自然中。没有树叶、花朵的衬托，人们都不愿去瞅它一眼。如果不仔细看，它似乎和昨天、前天甚至落完叶之后没有什么变化。风吹过的时候，玉兰枝头毛茸茸的花苞和光秃秃的枝条晃动起来，互相磨蹭，此起彼伏，像是在喃喃细语。

冬天的玉兰和冬天的落叶树灰蒙蒙的，它们褪去了春的灿烂、夏的浓郁、秋的丰硕。如果不是真心喜爱、有心观察的人，很难注意到它们。但在我们这些"植物人"的眼里，看见的只有美：冬枝就那么爽快坦诚地呈现着它们任性的生长姿态，或遒劲有力，或柔美多姿，丝毫不比春花秋叶逊色。没有萧瑟，只有隐藏的无穷的生机和力量，酝酿、新生，周而复始……

2022-01-12　-1～9℃ 晴冷 空气优

今天是这段时间以来气温最低的一天，零下了。送完儿子后开着车往回走的时候不到 7 点 50 分，暖暖的、橙色的光透过车窗照到我的身上，太阳出来了，我的心情也随之明亮起来。

虽然玉兰在无声地酝酿，准备在春天来临时奋力绽放，但是一天之隔的它应该是没有什么肉眼可见的变化的。前几天对玉兰进行了 360 度全方位无死角的拍摄，接下来就准备好好整理一下，弄清楚它的冬枝各部分结构的名称并进行记录，这是我本阶段给自己安排的任务。

今天，我的玉兰依旧沉默，但它充满勃勃生机，它的冬枝交织纠缠，从每一个角度去看都是绝美的画。

2022-01-13　0～6℃ 阴冷 空气优

昨天超妈在群里发了《小王子》里小狐狸和小王子的一段对话："对我来说，你还只是一个小男孩，就像其他千万个小男孩一样。我不需要你。你也同样用不着我。对你来说，我也不过是一只狐狸，和其他千万只狐狸一样。但是，如果你驯养了我，我们就互相不可缺少了。对我来说，你就是世界上唯一的了；我对你来说，也是世界上唯一的了。"

读到这里，我想我观察的玉兰有名字了——小友。小友，从我决定观察它的那天开始，对我来说，它就成为我特殊和亲密的植物朋友。

今天去看玉兰的时候，它依旧没什么明显的变化。在观察玉兰之前，我依旧先望向紧靠路边离我更近些的高大的臭椿，它的树皮纹理很漂亮，再往上看，便看到了群友这几天热议的"大大的眼睛"。树是不是似乎都很喜欢在身上安上大小不一、形态各异的眼睛？或许是因为它们正通过这些眼睛在凝视这个精彩的世界吧。它看到我了吗？我想说："嘿，你好！"往上拍臭椿的时候光线有点暗，大大的"眼睛"一上一下排列着。我猜想：这些痕迹是不是臭椿生长过程中树身上的某种结构，比如枝或叶脱落之后的痕迹，还是因为树的长大，原先的树皮容不下新的体积，挣开后形成的裂纹？我在小友身上发现一处生动的表情：有凸起的双眼，还有凸出的嘴巴，看上去神似一头鹿，栩栩如生。我们对望着，时光静静流淌，不用言语，每分每秒都是如此美好。暂且给它取名为憨鹿。在憨鹿的下巴位置，形成了一个躲避的绝佳地点。在这里藏着两个刺蛾的壳，一只破碎了，在寒风中摇摇欲坠；另一只完好无损，不知道里面还有没有刺蛾。小友树枝上的花苞外都裹着厚实的外套，泛着淡黄的及银色的光泽。

臭椿的树皮纹理和树身上的"眼睛"　小友树干上的表情　　小友树枝上的花苞

虽然植物不会说话，不会动，谁又能说它们不会思考呢？植物学家马炜梁在《植物的"智慧"》里专门述说了40年来一直在寻求的植物生存的"智慧"。在这一年的观察中我会更加深入地见证这些奇妙的现象，希望我不会错过小友和它的邻居们精彩的智慧展现。

2022-01-14　0 ～ 9℃ 阴 空气良

目测了一下，小友整株高度在 5 米左右，在这个群落里面属于中等个头，相比臭椿来说只能算小个子。今天小友依旧没有大的变化。昨天因为小友树干长得独具个性而引发群友的喜爱，我觉得它有成为"团宠"的潜质，那每天对它的造访就是必不可少的了。多才多艺的贝贝老师说，既然要相互陪着走过一年四季，那就称憨鹿为四季鹿吧。这个名字不错。

被一旁的臭椿挤到一边的小友，身子尽力地往外倾斜，以便可以接受到更多的阳光。从下往上看，小友和四季鹿头顶着巨大的犄角，庄重，大气。

虽然都是萧瑟的冬天，来自北京的玉兰就是不一样。许是经年累月在都城"泡"着，北京的李宏老师发来的玉兰竟然自带一股威风凛凛的帝王之气，在浓郁的正红色的建筑背景的衬托下，显得格外的雍容华贵。我眼前的南方玉兰在对比之下，虽然有点单薄，却也古色古香，淡静优雅。北方有北方的热烈厚重，南方有南方的轻巧雅致，没有优劣高低，各有各的美，都是浑然天成的。

2022-01-15　2 ～ 11℃ 阴 轻度污染

我特别崇拜能把结构搞得非常清楚的人，夏艳老师就是其中之一。今天一早，夏艳老师带来的关于樟树树皮的形象有趣的解说，使前几天大家一直在热议的树干上的"眼睛"是如何形成的有了精确的答案，也作为资料被保存下来。

夏艳老师在解说的第一段这样写道："谁都有年轻水灵的时候，樟树也一样。这是我家樟树一龄宝宝穿的外衣，棕褐色的外衣点缀着浅绿的皮孔，那是它呼吸的气孔。"我想，树木年轻的时候呼吸的气孔很容易被观察到，那么，树成年之后的气孔该怎么去看呢？除了有着相对光滑的树干，那些斑驳粗糙的树干表面的气孔是不是隐藏在树皮的纹理里面了？具体在哪里呢？

在第二段中，夏艳老师以樟树的口吻写道："我还不到一岁就长了胡须，这是园林叔叔为了我更好地集中长大剪掉的侧枝形成的树皮脊。我的主干慢慢变粗，被剪的枝条也还在侧上生长，树干和树枝衔接处的树皮因为往

上推挤，这部分树皮颜色慢慢变深，如八字胡。"读完这段，我终于明白树干上的"眼睛"是如何形成的了。但我又有了疑问，是不是所有的"眼睛"都是因为枝条被剪而形成的呢？有些树干上有很多大小不一的"眼睛"，似乎并不都是因被人工剪掉之后变成那样的，如果是树枝自然脱落之后留下的痕迹也可以理解，但是有很多"眼睛"很明显并不是出现在枝条生长的部位，这又怎么来解释呢？或许又回到我之前的猜测，随着树的不断长大，原先的树皮被挣开后形成类似于"眼睛"的裂纹，这一点有待考证。

夏艳老师在第三段中以樟树的口吻写道："接下来，我包覆这个残枝的工作便会开始，随着树干变粗，之前枝皮脊两端将离彼此越来越远，也就是八字胡会越来越平。等我长大后，我的树皮会将这个伤口封住，只剩下一条横线。如果恢复得好的话，甚至看不出来。树木有专门负责包覆残枝的器官：领环。位于树枝与树干的衔接处。"由此，我终于知道被修剪的树枝与树干衔接处外面膨大的一圈，原来叫作领环。今天去吃饭的时候我特意观察了不同树种的领环。香樟树的领环非常厚实；深山含笑的领环相对细瘦；玉兰的领环不够明显，几乎可以忽略不计。我想，不同树种的领环形态是否跟树种及树皮生长速度有关？这个问题有待探究。

关于领环的作用，夏艳老师写道："领环对树木而言意义非凡，这圈环状组织不受伤，才能正常发挥功效。残枝一旦死去，领环将继续存活，并立即开始包覆伤口，阻挡真菌入侵，几年以后大功告成，残枝会被埋入变粗的树干，领环处也渐渐变得平整。"通过这段我终于明白昨天看到小友和四季鹿身上大小不一的突起是怎么成的了，右边的"眼睛"恢复得很好，而那只斜睨着这个世界的突出的"左眼"以及斑驳的"嘴巴"应该是再也包覆不进去的了吧？

今天是收获满满的一天，感谢夏艳老师提供的丰富资料。

2022-01-16 至 2022-01-21　2 ～ 11℃ 阴 轻度污染

昨天我对树干的结构、枝皮背、领环等有了一个初步的印象，虽然还有一些小疑问，但也理解自然界就是这么神奇。它们没有固定的答案，或许同一个结构会有千奇百怪的形象，而我们能做的就是用心去感受和发现它们的美。

今天下楼的时候我特意看了看楼下的广玉兰和水杉的树皮，它们千奇百怪，令人遐想。广玉兰的树皮上有很多粗糙的点，应该就是树的呼吸气孔。树身上有一个深邃的树洞，不像是树枝截掉后的痕迹，更像是被硬生生地挖出来的。我还观察了水杉，也注意到它那显得异常粗犷的树皮纹理，而且，我还进一步观察到水杉的领环很不明显。水杉树干上被截掉的部分长了很多小枝，在其上孕育着一个个冬芽。以上是今天一早的收获。

通过前段时间的观察，我准备开始对玉兰的各部分结构进行深入的了解，但还不太确定该从哪里着手。恰好贝贝老师说过："冬天是特别适合观芽的时间，它与树形和枝条的状态是鉴定植物的关键，也可以让我们体会到植物在冬天依然饱含盎然的生机。这些芽的存在，让我们知道春天一定会来，也让我们知道，植物依然坚强地活着。观察或描述芽的形态可以从芽的生长位置、未来的发展、自身的形状、伴生的状态、外层的质感、色彩与芽鳞等方面来入手。"原来，在萧瑟的冬天里，看似波澜不惊的植物，还有这么多精彩等着我们去发现，令我们在接下来的每一天都期待与它们的相逢。是的，那就从芽开始吧。

2022-01-17　2 ～ 12℃ 阴 空气良

今天，贝贝老师分享了关于果实宿存的相关知识，这又让我增长了见识：结果的多少属于树的个体差异，宿存果实的多少也属于个体差异。当然，果量多少也会受到"大小年"的影响。宿存的果实并不会从植物体上吸取能量，也不会对第二年的开花结果有什么影响。果实完全干瘪后，其掉落受外界的影响更大一些，经过风吹日晒，朽败到一定程度就会掉落。玉兰并不会从旧果的位置开新花结新果，而是会"另辟新茎"。而一些有短枝的果树，比如苹果，会从旧果的位置继续开花，保证"坑位"的重复利用。

是的，虽然植物不会说话、不会动，但是植物的智慧，确实随处都在。

随着观察的深入，我发现小友的不远处竟然还有一株玉兰，这株玉兰整体更小一些，应该可以更加方便地观察到枝叶和花苞。在我的印象里，这一株玉兰开的是白色的花，而小友开的是紫红色的花，具体是什么有待于进一步定种。

2022-01-18　2 ～ 15℃ 多云 空气良

　　早上，一到工作室我就迫不及待打开电脑记录下刚才所见，怕吃完早饭这些泉涌的思绪就断了。自然之美永无止境，前提是你拥有一双发现美的眼睛。

　　这几天，我一直在关注树枝被截之后的自我疗愈，所以在今天买早餐的时候又特别增加了对学校河西食堂门口几棵香泡树的领环的观察。香泡树厚实的领环很有质感，当然也有并不是很完整的领环，这就证实了领环的完整与否似乎与树种的关系不大。

　　回到工作室楼下的时候，我想着还能看什么。通过这些天的观察，我自以为已经将小友 360 度从头到脚看了个遍，还能有什么可以看的呢？这些静默的朋友跟我对视，心里默默互道："来啦！""嗯，来了！""还好？""嗯，不错！""小心脚下！"对，脚下。这些树友的脚下是一片绿油油长势喜人的麦冬，每次去看小友的时候我都很纠结，因为要从这些麦冬的缝隙中挤过去。我生怕踩到它们，每次都小心翼翼的，但是经过几次拜访之后，麦冬空隙的地方似乎显现出几个我的专属落脚点，原来它们尽力给我让出了一条道。

　　以往我去看小友的时候都是直奔主题的，对矮矮的麦冬基本视而不见。因为它们太过普通，匍匐在地上，一年四季就一个颜色，虽然也开花，但得俯下身才能看个大概，实在是太不起眼了。早些天的时候，我就注意到这些绿丛中稀稀疏疏闪着蓝紫色诱人光泽的果实了，但一直没仔细去看过，这次我想顺便看一下它们。我低头看准了脚下的一株麦冬，它刚好结了果实，害羞一般将头垂得低低的，果序上只存留了三四颗蓝宝石般的果实，大部分都已脱落。

　　也是在这个时候，我发现很多横七竖八地飘落在麦冬身上的树叶，它们大多是小友枯黄的树叶。这些叶子有的叶肉棕黄泛白，已经完全失去了水分，但形状还是完整的；有的露出一部分叶脉，显得斑斑驳驳；还有的经过雨水的浸泡和太阳的照射已经缩成一团，毫无形状。在这些落叶中，我意外发现几片几乎只有叶脉的叶片，它们的叶肉已经完全腐烂，只剩下由叶脉组成的完整的叶形网络。我将它们背着光或者放在深色背景之中去看，发现它们形成的肌理和图案美轮美奂。我挑了其中比较完美的两张叶脉，轻手轻脚地捏着它们，就像是拿着精美的水晶，生怕稍用点力就会把它们捏碎了。我上看下看，举高了看，放低了看，看完这张看那张，每张都不一样，怎么也看不够。一大早的校园静悄悄的，偶尔有几只鸟掠过，发出翅膀划过天空的声音。我完全沉浸在这大自然的杰作中，满心欢喜。

轻盈空灵的叶脉，令人心生欢喜

叶肉腐败后形成的叶脉网络不就是天然的叶脉书签吗？我查了一下，叶脉书签是指除去表皮和叶肉组织，而只由叶脉做成的书签。为了增加美观，可以用水彩颜料把书签染上不同的颜色。这样做出来的书签美虽美了，但我总觉得太过平整和呆板，缺少了一点灵气。而大自然中随着时间的推移自然形成的叶脉书签，由于水分的日渐流失卷曲成各种形状，虽然不是那么齐整规范，倒也充满了灵动和别样的气质，虽然失去了有生命的叶肉，但看上去依旧那么生机勃勃。

玉兰的叶脉书签令我想起以前曾经收集到的红叶石楠的叶子。和玉兰叶子枯落后叶肉自然腐化形成的叶脉不一样，红叶石楠叶子形成的镂空则是由虫子的啃食造成的。从照片可见，每一张红叶石楠树叶的镂空都是被虫子啃食后形成的，镂空的图案千奇百怪。红叶石楠的叶子收集之后不用任何处理，直接夹在书本中，过一段时间拿出来，叶子干燥了，颜色比之前稍暗淡一些，从某个角度去看，叶背会泛出一些淡淡的金属光泽。我觉得这可以算是另一种形式的叶片书签了。

红叶石楠被啃食的叶子

2022-01-19 3 ～ 15℃ 晴 空气良

前天，我在音乐学院和美术学院中间的草坪上发现了另一株玉兰，今天我直接去拜访了它。走近一看，没想到我之前发现的玉兰一左一右还各有一株玉兰。中间的这株玉兰最美，树形舒展，枝条粗壮有力，枝头上点缀着花苞，是我喜欢的样子。

我朝着初阳升起的方向拍了无数张剪影，这些由错综复杂的玉兰枝条编织成的图案，在暖色天际线到蓝色天空渐变色的衬托下，显得美不胜收，令人目不暂舍。忽然，我觉得眼前的这些图案是那么的熟悉，好像才在哪里见过一样。这不正是昨天我发现的那些镂空的叶脉图案吗？它们简直如出一辙，真的很神奇。

枝条交织错落的玉兰

欣赏过交织错落的玉兰枝条，我将目光收回，放到玉兰枝条脱落的痕迹上。我发现玉兰的枝条看上去比较脆，似乎很容易自然脱落。我仔细观察了玉兰枝条脱落的痕迹，发现它和人为截枝的感觉还是很不一样的，我想这可能和玉兰的生长特点有关。玉兰枝条掉落的地方，其树枝照样会进行自我修复，只是这些自我修复的痕迹比人工切除修复的痕迹更加粗犷、随意一些。

另外，我还发现除了这些自然断裂的缺口外，玉兰的枝条还有一个较为明显的特征，这个特征越靠近枝头尽端越明显。玉兰的每根枝条的尽头都有一个较为齐整的圆形或椭圆形截面，在这个截面偏左或偏右或两边再继续生长出新的枝条，在枝条顶端开始孕育新的花芽或叶芽。

丰盛的小寒。

第二章
冷至极，万物蛰藏、生机潜伏之大寒

大寒

宋·陆游

大寒雪未消，闭户不能出，可怜切云冠，局此容膝室。

吾车适已悬，吾马久罢叱，拂尘取一编，相对辄终日。

亡羊戒多岐，学道当致一，信能宗阙里，百氏端可黜。

为山傥勿休，会见高崒嵂，颓龄虽已迫，孺子有美质。

大寒是二十四节气中最后一个节气，也是冬季最后一个节气。

大寒一过，又开始新的一个轮回，冬去春来。

大寒同小寒一样，都是表示天气寒冷程度的节气，大寒是天气寒冷到极致的意思。

大寒分为三候："一候鸡乳，二候征鸟厉疾，三候水泽腹坚。"古人认为到大寒节气便可以孵小鸡了；鹰隼之类的征鸟，却正处于捕食能力较强的状态中，它们盘旋于空中到处寻找食物，补充身体的能量用以抵御严寒；在一年的最后五天，水域中的冰一直冻到水中央，且比较结实、比较厚。

大寒节气的花信风：一候瑞香，二候兰花，三候山矾。

玉兰花苞不变，正是探究叶痕、芽鳞痕、托叶痕、树皮形态和枝条的绝佳时期。

寂静沉睡的大自然，挡不住蜡梅盛放的脚步，紫堇酝酿着烂漫，络石枝繁叶茂。

2022-01-20 3～9℃ 阴冷 空气良 大寒

今日大寒。

我用前两天观察到的玉兰叶脉图和玉兰枝条交错的网络形态制作了大寒节气照。细细品味玉兰树枝分叉交错的图案和玉兰树叶叶肉腐败后自然形成的脉络纹理，两者竟然像约好了似的，简直如出一辙，有异曲同工之妙。

大寒节气照

有感而发，我写了第一首送给玉兰小友的诗：

网约

纵横交织的枝条
水墨山水般随意泼洒
层层叠叠
在天际上

织就一张深深浅浅的网

偶然抑或巧合？

那褪去满身衣装的叶脉

精美绝伦

竟似与枝网约好了般

为来世不会走丢

也为将来的重逢

　　每一个人都可以是诗人，前提是要有一双发现美的眼睛，以及一颗热爱生活的心。

　　首都下雪了，北京的树友纷纷发来雪中的玉兰，令我如同身临其境。而我的小友依旧没什么明显变化。

2022-01-21　5 ～ 11℃ 阴冷 空气优

　　今天我想去府山看玉兰。

　　府山公园古迹众多，每走一步都有历史。园内物种丰富，古树名木纵横交错，就像一座宝藏，也像一位饱经沧桑又博学多才的老者，令我不时前去拜访。

　　这次我想去看府山西门外的玉兰。我把车停在紧靠府山西门的西园门口。我停好车看向窗外，映入眼帘的就是紧靠在西园院墙外面的两株玉兰。有句话说"心心念念，必有回应"，就像我想看玉兰，会发现身边到处都是玉兰。这让我知道以前我是有多疏忽了。

　　走近了看，我发现一个个饱满的花苞像一支支小蜡烛点缀在玉兰枝头，甚是好看。我低头仔细地在地上寻找，找到很多脱落的芽鳞。这些芽鳞每脱去一层，就预示着离春天更近一步了。结束了这场没有预约的拜访，我向府山公园走去。但是，我发现根本没办法直奔主题，一路上有太多的精彩，绊住了我的脚步。

　　冬末春初的府山公园，大部分树木依旧还在沉睡，整座山被笼罩在一片灰蒙蒙中。古城墙上露出一大片高大的疏密有致的枝条，它们簇拥在一起，似乎在热烈地交谈着，期待着即将到来的春天。一开始我并不知道这些树是什么树种，直到去年深秋的时候，我看到了它们挂在枝头的果实，远远地看就像是枝头上盛开着的一簇簇花朵。我走到树底下捡拾起一颗掉落的果实，才知道这一大片树原来是喜树。

沿着环山小路往前走，不远处一抹金黄跳入我的眼帘，随之而来的是弥漫开来的醉人香气，原来是蜡梅花正在盛放。循台阶而上，我发现路边成片的珠芽尖距紫堇也做好了准备，它们正酝酿着春天的烂漫。离紫堇不远的地方，有一株大型的蔓胡颓子。蔓胡颓子的花苞很小，但形状很有意思，有点像倒挂的宝剑。以前我曾经在塔山上观察过蔓胡颓子成熟后的果实，其整体形态呈短圆柱状，表面密布着白色凸起的斑点，颜色鲜艳亮丽，有黄绿色的，也有红橙色的，引得人垂涎欲滴。我还在蔓胡颓子附近的一株松树树干上看到了络石，它将自己的攀援根深深扎入树皮，牢牢附着在树干上，一路向上，枝繁叶茂。

蔓胡颓子的花苞

蔓胡颓子的果实

就在我沉浸在各种精彩之中时，前面忽然传来"嘭"的一声，好像有什么东西重重地砸在地上。我疑惑地抬眼去看，起先并没有发现什么，过了一会儿，只听见一阵窸窣声，定睛一看，离我不远处的树干底部趴着一只灰色的松鼠，只见它体型肥硕，静静地趴在那里一动也不动。在我的印象中松鼠好动警惕，并且不轻易靠近人类。而这只就这样一动不动地趴在这样一个危险的地方。过了几秒，从再远一点的地方传来一阵嘈杂声和嘶叫声，接着，我看见一只大鸟展开它那宽大的羽翼从树丛中飞起，停在一根树枝上。它的爪子并没有抓着什么东西，只见它整理了一下自己的羽毛，再次展开它宽大的羽翼，优雅地飞走了。当我把目光收回，眼前的松鼠早已不见踪影。

原来，刚才这里发生了一场激烈的厮杀，而且估计是好几只松鼠在躲避大鸟的追杀。我很好奇这个霸气的捕猎者到底是谁，通过咨询香农导师群里的小伙伴，得知这一捕猎者是凤头鹰，它是府山公园处于食物链顶端的捕食者。在目睹了这一惊心动魄的场景之后，我替松鼠松了一口气，但这就是自然规律，残酷无情却无法避免。

惊魂未定之下，继续我的寻宝之旅。似乎经过了长途跋涉，其实也就短短的一两分钟步行路程，我终于看到了记忆中的那株玉兰。上一次见它还是在两年之前大鸟老师的一次活动中，只记得那满树的繁花和湛蓝的天空。

我那时并没有仔细观察这株玉兰的树干，今天细看下发现它长得非常奇特。只见这株玉兰树干中间有一道竖直的缺口，这道缺口深深地凹陷进去，就像是树身竖着被刀子长长地划了一条口子，在这条口子的两端留着两条愈合的接缝，就像是我们的伤口被缝合之后留下的痕迹。虽然树干几乎从中间被一劈为二，但是对玉兰树本身似乎没有造成太大影响，整棵树显得生机勃勃，长势良好。我从不同角度去观察这个伤口给树干带来的影响，发现它给树身留下形态各异的痕迹，从侧面看像饺子被捏起的花边，从背后看像眼镜蛇扁扁的头部造型。这或许就是它竖向的枝皮脊。

虽然这是一段短暂的造访，但自然回馈我以丰厚的遇见。

树干中间有一道竖直缺口的玉兰

2022-01-22　6～10℃ 阴冷 空气优

我选择了小友树上唯一一朵低于我的视线且能清晰观察到的花苞作为我定点观察的对象。这个花苞有点瘦弱。我发现在玉兰树上越是位于底部的枝条和花苞，长势越是不好，一是可能常常受到人类的打扰，二是可能因为阳光不够充足而导致的。我在心中默默祈祷它不要被截掉或自行脱落，能让我对它进行持续观察。

小友的花苞和叶芽

在晓青老师自然笔记的基础之上，我今天还对玉兰花枝进行了仔细的观察。我思考的是，哪里是花枝开出第一朵花的地方呢？开出第一朵花之前，玉兰需要生长几年？如果能找到第一朵花开的位置以及知道在开第一朵花之前所需要的时间，我们是不是就可以根据圆环的个数知道玉兰的生长年数？这些问题在我脑海中盘旋，期待在今年的观察过程中可以得到答案。

2022-01-23　8～10℃ 空气优

雨下了一整天，和张先生商量之后，今年我们准备开车回老家过年，暂时要跟我的小友告别了，等过完年再回来看它。

整整 19 个小时的车程，一路走来，我的眼睛总是可以搜寻到有趣的东西来满足心灵的渴求。车子一路向北，窗外的植物渐渐由丰富变得单一。

经过苏北进入山东，路边映入眼帘的植物变成了杨树，它们在车窗外一闪而过，在我的眼中留下雕塑般优美的形态。

在我的记忆中，山东老家的楼下有一株高大的玉兰。因为我们每年大多寒假时才回去，这时的玉兰光秃秃的，看上去了无生机，我一直都没有好好观察过它，所以我也期待着这次与它的重新认识。一路奔波，我们终于回到老家，车刚好就停在这株玉兰旁边。我迫不及待地打开车门，这时车外的气温很低，寒风吹在脸上生疼，就那么几分钟，我就感觉手已经被冻僵了。四周黑乎乎的，唯有4楼我们家的窗口透出橘黄色的灯光，我知道那定是婆婆为我们留的。我回过头，借着车灯发出的光芒，看到了一个模糊的身影，只见它傲立在冬夜中，隐约可以看到它枝条上的花苞显得饱满粗壮，在夜光中闪烁着点点银光。和小友的清瘦相比，这株玉兰显得雍容华贵。

2022-01-24 至 2022-01-25 山东宁阳 -4～5℃ 多云 空气良

1月24日早上，我特意去拜访了楼下的玉兰。听婆婆说这株玉兰在1996年小区刚建好的时候就种下了，至今已有26年的光景。现在的它早已长成参天大树，树身高度已越过5层楼，目测有近20米的高度。

我站在树下用不同角度去仰望玉兰树，它给我带来一种耸入云霄的感觉。在玉兰树的高枝上有一个鸟窝，这个鸟窝与当地常见的灰喜鹊或花喜鹊所筑的杂乱无章、毫无美感的窝比起来，显得娇小精致。

我在这株玉兰树下收集到一些脱落的芽鳞，这些芽鳞比在绍兴捡到的芽鳞的个头要大不少，看上去更加厚实。带回家后，我用尺子量了一下，最大的芽鳞长达4厘米，想必开出的花朵也要更硕大吧。我还发现好几个芽鳞的背部"驮"着一小撮绒毛，不知这是什么结构，有待求证。

我记得晓青老师曾经说过："白玉兰茸毛灰白，望春玉兰茸毛黄白，望春玉兰花芽外观比白玉兰更毛茸茸。"根据这个描述，我猜想山东的这株玉兰大概是望春玉兰，不过最终的答案是什么，还需要等到花开的时候才能做进一步的判断。

1月25日，"观察一棵树"群里发布了本周玉兰观察的任务：观察、对比玉兰大树和小树的树皮。对于这个任务，虽然我心里还不太有把握，但我想只要用心地进行深入观察，就可以发现玉兰的各种秘密。

吃完早饭，我带上皮尺，下楼对玉兰的树径进行了测量。树径 105 厘米的主干显得很粗壮，从高 2 米左右的树干支点向上分生出 5 条次枝干，好像粗壮的五指一般直指天空。那就给它取个名字——五指霸兰。感觉这个名字还是很符合它的气质的。

在五指霸兰下有很多掉落的蓇葖果骨架，我挑选了其中一个造型较满意的骨架带回家，稍微处理一下就成了一个很好的笔架。

为了进一步深入认识玉兰的花枝结构，我重点选择了一小段枝条。通过观察，我发现这个叶芽直接长在枝条上，从枝条上脱落的叶痕来看，这个叶芽长在叶腋的位置。经过一年的生长，原先的叶芽变成粗短的叶枝，在这段只有 2 厘米左右的枝条上，可以清晰地观察到一节一节的树叶托叶的脱落痕迹，由此可知，在如此短的枝条上曾经有 3 片叶子在这里走过荣枯的一生。

玉兰花枝结构

我还在五指霸兰下收集到几段枯枝，通过进一步观察，我发现当年的玉兰花都在枝顶绽放，当一朵花开败脱落之后，在这朵玉兰脱痕的左侧或右侧，前面或后面会生长出下一年的花枝或芽枝。这些花枝或芽枝根据生长的年份和外部条件的不同而有长有短，有的长达 20 厘米，有的只有 4 ～ 5 厘米。

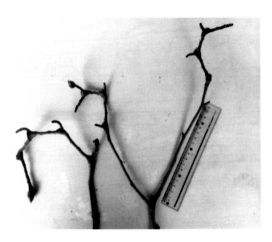

玉兰枯枝

《DK 植物大百科》中描述：叶芽具有较为丰富的变化和高区分性，无论是形状还是生长方式都是如此。芽与树形可在冬季作为鉴定树种的关键。检查芽在茎上的生长方式，可以获得很多信息。芽在茎上彼此对生，或在茎的两侧互生，彼此间隔生长，保护正在发育的叶和花的芽鳞在形状、颜色和数量上也有差异……

我越来越懂得这样一个道理：在实践观察之后，再回过头来查资料对比学习是很重要的，这样能适时解决我们在观察时产生的很多疑问。

2022-01-26 至 2022-01-27　–3 ～ 7℃ 多云 空气良

我在老家小区里遇见了一些其他的植物，其中一株树的树皮灰白，树干一截一截的神似佛肚竹。它的树枝全被截掉了，树干上留下的疤痕纹理像极了人的瞳孔，看上去有点忧郁。我又陆续在小区里找到了几株高大的泡桐，目测高度达 30 米，其中最为粗壮的一株泡桐树胸径位置的周长达到 5 米，它的树皮表面开裂的纹理泛着银光。

虽然我在对小区植物的观察中有了很多新的发现，但是对于群里 24 日发布的观察、对比玉兰大树和小树树皮的任务，一直无从下手。来自深圳的杜英在群里发了一篇"怎样观察一棵树之树皮与树枝"的推文，及时地解决了我目前所面临的难题，成为我学习的资料。这篇推文非常精彩，从专业的角度描述了观察树枝、树皮的要点，带给我很多启发。

2022-01-28 -4～4℃ 多云 空气良

　　根据以往的观察经验，樟树的母树下或附近很容易观察到新长出来的嫩嫩的小苗，和老树区别明显。而在玉兰大树的附近，我们却往往很难看到玉兰树的小苗。那些曾经在玉兰菁葵骨架里吊着丝线荡秋千的种子，大部分被鸟儿们吃掉，再被鸟儿们带到不同的地方排泄出来，掉到合适的土壤里生根发芽。也有一小部分的玉兰种子掉落在母树下或附近，但我却很少观察到玉兰母树下长出玉兰小苗。这似乎可以说明不同树种的种子发芽条件以及对环境的要求都是不同的。

　　除了以上的疑问，我还有一个问题没想明白，那就是究竟以什么标准来判断一株玉兰树是否已经是成年的大树。根据开花的年数，还是根据高度？根据树皮的开裂程度，还是根据树干的胸径？最后，我决定先找到自己目前能找到的较小的和较大的玉兰树来进行对比。于是，我动身下楼。

　　回来之后我就已经将整个小区大致转了一圈。我们这个小区不大，但是大大小小的玉兰却有将近 20 株，我们楼下的这株玉兰可以说是体型最大、树龄最长的一株。我们小区地处县中心热闹地段，前身是宁阳县委所在地，家属院也在其中（当时住房和上班的地方在一起）。据婆婆回忆，这个院里以前有很多本地树种，包括巨大的槐树、杨树和泡桐树等。到了 20 世纪 90 年代，县委和家属院在原址上被改建成小区，在改建的过程中大部分原有的树种都被砍掉，为数不多留存下来的树种，如泡桐，已经长得粗壮有力、枝繁叶茂。玉兰则是改建小区之后新引进的树种。

　　因为我今天的目标是观察小树，所以我就直奔五指霸兰右手边长条形且是花坛里较小的一株玉兰而去。

　　这株玉兰树胸径 44 厘米，树干由底部向上缓慢变细，主干挺拔，颜色呈灰白色，树皮致密，表面较光滑，其上有着不太明显的小疙瘩皮孔。它的树干底部有一圈竖向的短裂纹，枝干上还有很多小枝芽蓄势待发，其实这株玉兰也已经不能算是小树了。于是我想再去找找是否有体型更为娇小的玉兰，转头便看见我的五指霸兰，只见它气宇轩昂地挺立在那里，似有一股魔力吸引着我不由自主地走向它。

　　这次还会有什么新的发现吗？我朝它走过去的时候并没有抱着有新发

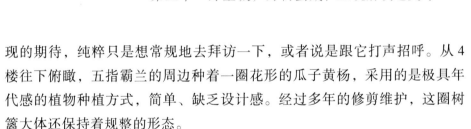

现的期待，纯粹只是想常规地去拜访一下，或者说是跟它打声招呼。从 4 楼往下俯瞰，五指霸兰的周边种着一圈花形的瓜子黄杨，采用的是极具年代感的植物种植方式，简单、缺乏设计感。经过多年的修剪维护，这圈树篱大体还保持着规整的形态。

我从左边的一个小缺口进入这片小花园，只见里面铺满了掉落的枯叶，这些枯叶大部分来自玉兰树，当中也夹杂着它左右两位邻居——银杏黄色扇形的叶子。当我的双脚踩过这些枯叶断枝铺就的蓬蓬的"地毯"时，耳边传来清脆的枝条断裂的声音。我找了个比较舒服的位置站定，仰头去看那耸入云霄的枝条，用手抚摸它粗糙的身体，感受着和刚才那株玉兰树皮完全不同的质感。我能看到岁月在它身上留下的痕迹，我想或许这也就是老树和小树的根本区别。

五指霸兰的树皮上沉淀着经年累月的痕迹。我观察到它的树干向阳或者说一年里接受阳光更多的一面似乎显得更加斑驳，质地也更加疏松，就像年代久远的剥落的墙皮；而接受阳光照射稍微少点的一面质地更加紧致，可以看到粗大的、突出表面的气孔，还有自气孔处逐年破裂扩大连成一片的自然肌理。这些肌理形成各种神奇的图案，引得观者对之浮想联翩。

当我将目光从高处树枝和与我视线相平的树干上收回的时候，我对五指霸兰没有再多的期待，心想这也就差不多了吧。这时耳边似乎有一个声音在对我说："低头看看我呀！快低头看看我呀！"循着脑海里的那个声音，我低下头，看到了眼前的一幕：有两三支小枝从五指霸兰树干底部侧生出来，它们隐藏在冬季枯黄杂乱的背景中，如果不仔细看，很难注意到它们的存在。这就是所谓的"踏破铁鞋无觅处，得来全不费工夫"。这些小枝不就是现成的玉兰幼树吗？即使它们不是完全意义上独立的小树，但应该也和幼树相差不大。我拿出皮尺量了一下最粗的小枝周长，不到 10 厘米，而五指霸兰根部的周长长达 127 厘米。

我蹲下来仔细查看起来，我看到这些小枝从厚实的主干底部萌发出来，它们用尽全力将底部的树皮挤出如同沟壑一般的纹理。而另外一些从前曾经从这里长出来又被截掉的侧枝，使这里形成了或大或小的凹陷，成为各类虫子天然的避风港。我看到其中一个被截掉的树枝边上长了一个粗大的增生领环，它包裹住曾经的截痕，留下的未被裹住的部分形成一个天然的树洞，

洞口有一堆类似某类虫子的排泄物。我像寻找宝藏一般，伸手翻开一片遮挡的树叶，发现一只西瓜虫正蜷缩在里面安然地避寒过冬，赶紧又重新给它盖上。角落里也是蜘蛛喜欢拜访的地方，我看到它们不知什么时候织起来的网依旧在寒风中等待着飞虫的光临。

小枝树皮颜色与主干部树皮颜色形成了鲜明的对比，前者神似婴儿娇嫩鲜亮的肌肤，后者则像饱经风霜充满沟壑的老人皮肤。大树树皮灰白，皮孔粗大、表皮粗糙、皮孔明显，树身上的开裂深浅不一、形态各异；而小枝表皮光滑、质地致密、没有皱纹，呈黄褐色，里面微微泛着些绿，皮孔灰白，均匀地分布在树枝表皮，整体显得生机勃勃。虽然小枝的枝头被截得长短不一，但每一枝上都孕育着叶芽，蓄势待发。我忽然又可怜起这些小枝来，虽然它们一刻也不停歇地、努力地汲取养分，梦想着能长成参天大树，但或许某一天，它们就会被无情地砍断，因为它们选错了地方。不管怎样，它们依旧不放弃，依旧努力向上，孕育着来年的希望。

正当我沉浸在小枝的世界里，拿着手机不停地对着它们拍摄，生怕错过任何一个细节时，我从手机的镜头里发现一串可疑的身影。如果不仔细看，这串像是某种规整图案的神秘符号似乎和树干上的皮孔非常相似。我将拍摄到的图片放大，发现它们原来是某种虫子的卵壳，这些卵壳大部分敞开着口，都已经孵化，也有极少数卵壳是完整的，估计是孵化失败的原因。这组卵壳的排列方向与树皮上横向皮孔的排列方向并不一致，这也是它们会引起我注意的原因。再进一步仔细观察，我发现每一只卵壳都好像是一只小型精致的套鞋，6 列卵壳就像怕冷一样紧挨在一起，形成一种排列组合之后精妙特定的肌理。我不禁感叹，虫子们真的都是天生的建筑师和设计师啊！

后来我在整理这组卵壳照片的时候，向我家热爱虫子的小朋友请教，我想知道这究竟是谁的家。小朋友看了一眼说："似乎是花大姐……嗯，斑衣蜡蝉的卵。你查一下？"我赶紧百度，一看还真的是。小朋友信心满满，道出原委："之前在奶奶家过暑假的时候，我注意到附近有很多斑衣蜡蝉在活动，所以就猜这可能是它们的卵，没想到还真的猜对了。"从今天开始，我们俩都会对斑衣蜡蝉的卵过目不忘了，这样的记忆最为深刻。

斑衣蜡蝉的卵壳

当你俯下身子，静静观察，大自然会为你揭开精彩的一幕又一幕，永不枯竭。

正当我以为这组卵壳就是今天发现的大彩蛋时，没想到更加精彩的还在后面。当我接着对一条被截断的小枝进行仔细察看的时候，忽然看见小枝右边有半个毛茸茸的脑袋闯了进来。这原本没有什么让我觉得新奇的，因为之前在树底下我已经收集了很多芽鳞，但神奇的第六感让我觉得这个芽鳞似乎有那么一点与众不同。我把手伸向它，轻轻地捏住它的一撮毛发，拎起来，就那么措不及防地，我被戳中了笑点。这是怎样的一个或者说是一片芽鳞呀！为什么我不知用什么量词来形容它，你只需看一眼它就明白了！

当我从杂草和枯叶丛中拎起这个芽鳞的时候，它拖着一条长长的宽大的尾巴慢慢呈现在我的眼前，活脱脱一只发型凌乱披着斗篷的鸭子。神似头部的芽鳞偏向右边，耸着肩，半张着嘴，似乎在跟谁窃窃私语，太有喜感了！让我感到意外的是，这个芽鳞还带着一片完整的叶子，这片叶子的着生点在芽鳞的背后，长达 9 厘米，宽达 7 厘米，在芽鳞脱落之前这片叶子已经发育得较为完善了。当我看清这个带着叶片的芽鳞完整的模样时，我一下就明白了为什么前两天捡到的有些芽鳞的背后会额外地带着一小撮尾巴了。

披斗篷的芽鳞

　　我仔细查阅了相关资料，了解到一片完整的叶子由叶片、叶柄和托叶组成，其中托叶是长在叶柄基部的附属物。结合百度的查询结果我开始有点明白了，原来我观察到的这个奇特的芽鳞，和它着生在一起的那片叶子就是叶子本身，而芽鳞则是这片叶子的托叶。一般来说，木兰科植物的托叶在转化成芽鳞时，大部分的叶子和叶柄都会退化，托叶则发育成芽鳞的形式继续来保护叶芽或花芽，但是还有一部分包含叶柄和叶片的叶子能和芽鳞同时发育，所以就出现了上面所看到的那个带着叶子的芽鳞，或者也可以演变成带着短叶柄的迷你叶片的芽鳞。以上的这些现象，应该也是与较为古老的被子植物相似的现存后代——木兰科植物的一种返祖现象。

　　这一小撮绒毛附着在芽鳞背部，像一条毛茸茸的小金鱼。除了叶片、叶柄完全退化，或者和芽鳞一起得到完整发育这两种情况，连着芽鳞的叶片、叶柄部分还能演化成一小撮绒毛的样子。这和我之前观察到但一直没弄明白的深山含笑花苞苞片上的叶子一样，这个小叶片有的长在苞片的上部、中部，有的长在根部，有的甚至长在离苞片一段距离的地方，各种形态都有。

带小叶片的深山含笑苞片

高大的五指霸兰默默地矗立在那里，它觉得今天与往常不太一样：这天上午，一个裹着白色羽绒服、围着灰色围巾的人，就那么一动不动地蹲在地上，瞪着一双痴迷又如饥似渴的眼睛，在它身上不停地搜索，拿着一只薄薄的长方形的东西对着它不停地拍，在寒风中足足看了它将近一个小时……

2022-01-29 −3～5℃ 多云 空气良

当我每次出门去看植物朋友的时候，总觉得早已将它们从头到尾都看完了，所以每次都不抱什么期望，也就没有明确的目标。但大自然就像一个宝藏，它永远会为善于发现的眼睛准备好无数的惊喜。

今天我特意带着皮尺去测量泡桐的周长。长度达 150 厘米的皮尺，分成两次还不能将泡桐树干围拢，其周长长达 3 米。泡桐树可以说是小区里较为粗壮的树种。

在这株泡桐树下，我发现了一大丛干枯的鬼针草，它那同样也枯黄的种子就像一朵朵小型的蒲公英。黑色呈条形的瘦果有点扁，身上有一条条竖向的棱。在这些瘦果的上部长有稀疏瘤状的突起以及刚毛，顶端芒刺有 3～4 枚，像叉子似的张开着，在每个芒刺上都有倒刺的毛，这些倒钩刺时刻准备附着在人或飞鸟的身上，将它们带到合适的地方再生根发芽。我再一次深

切地感受到：植物们看似站在原地不说话，但是谁又能说它们不会思考呢？不可否认的是，它们的智慧无处不在。

鬼针草的种子

离开泡桐树和鬼针草，我接着转向小区的东南角。地上散落着的一些断落的花枝，从外表上看来断枝上神似盛放的花朵状的结构一朵紧挨着一朵，但是每朵花又不像常见的花那样拥有肉质的花瓣，它的 5 个花瓣状的结构呈坚硬的壳状，位于中间部位的是一个大型的纺锤状结构，摸上去更是坚硬无比。这些断落枝条的颜色与花瓣状结构外部的颜色差别并不大，都呈棕褐色，而花瓣内侧的颜色则比外部颜色要鲜亮很多，呈现略带光泽的黄白色，整体看上去就像一件精美的手工雕塑作品。我用形色（一款识别花的 App）对它进行了识别，答案竟然是香椿。

我抬头环顾了一下，这里有 3 株年代久远的香椿树，其中 2 株在小区院墙内，剩下的 1 株在院墙外。香椿的树皮呈竖向裂开，有些半松动已经快要剥落，还有些树皮上附着青绿斑驳的菌类。3 株里面体型最壮的香椿树胸径位置的周长达 125 厘米，和五指霸兰差不多粗壮，树梢上还挂着一串串圆锥状的果序。虽然我吃过不少香椿芽炒鸡蛋，但却从来没见过香椿的花、果实和种子。我查阅了《中国植物志》里关于香椿的描述，可以肯定的是掉在地上的断枝是香椿的果序。但我还是没看明白，那 5 片坚硬的花瓣状的结构到底是什么。它们是萼片吗？与花瓣之间的关系是什么？它们中间骨质纺锤状的结构是雄蕊和雌蕊变化而来的吗？

　　我再次上网查阅资料，从媒体果壳网看到自然控作者 Artemisial 写的一篇关于香椿的推文，由此对香椿有了更进一步的了解。原来我们平时很少看到香椿花，是因为在城市或人类集居的地方香椿可开花的顶芽总是被人采摘食用，从而导致大多数枝条只停留在营养生长的阶段。其实，香椿通常会在每年五六月份生出长达半米下垂的圆锥花序。它单朵的花很小，只有 5 ～ 6 毫米，每朵花有 5 个白色花瓣，花心处略显橙红色，密集地着生在花序分枝上。

　　香椿树的花量虽大，但却只有很少一部分能够结果。这让我想起了无患子的圆锥花序，小花也开得密密匝匝，但也和香椿的花序一样会脱落很大一部分。在深秋时节，香椿的果序稀稀拉拉地挂在枝头，果序下垂，但果实却反折向上。香椿的果实是蒴果，有 5 室，在冬季成熟后呈 5 瓣开裂，里面有数十枚带薄膜状翅膀的种子，可以随风飘到远方。

　　直到这时，我才终于明白在香椿树下所收集到的是香椿开裂的蒴果，而里面的种子都已经掉落。至此所有的疑问都得以解答。希望我在今年能更加细致地去观察，能够有幸遇见香椿的开花和结果。

香椿小灯笼雕塑般的蒴果

　　以上是今天的一大收获。

2022-01-30 -2～5℃ 晴 空气良

今天我没有下楼，在家里把在绍兴打了一个草稿的玉兰花枝自然笔记补充完整。

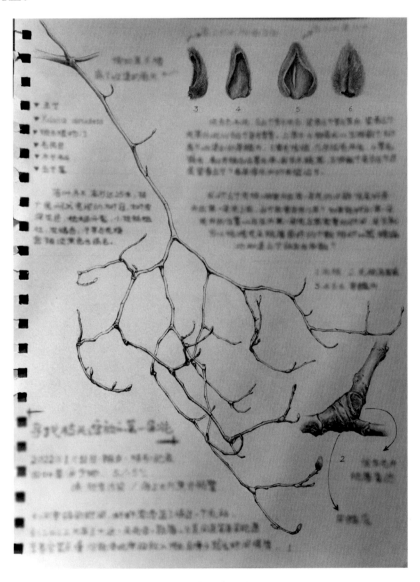

玉兰花枝的秘密

绘制工作告一段落，我也离玉兰更近了一步，准备过年。

2022-01-31　-2～4℃ 多云 空气良

今天是除夕。山东老家的除夕，饺子是必备的，还有孩子爷爷的手拌凉菜，非常美味。

在我的老家松阳，各家各户几乎都从进入腊月就开始忙碌。最先开始的是屋里屋外的大扫除和各种洗洗涮涮。我记得以前还是瓦片屋顶的时候，父母总要扎一把巨大的带干燥叶子的竹枝绑成的扫把，扫把上接上长长的竹竿，用来拂去一年来积累在屋顶和高处平时够不到的灰尘。这时，所有能拆的窗扇也都被悉数拆下并搬到河边清洗。那几天，河埠头上都是各家清洗各种物件的热闹场景，大人们边干活边热络地聊天，似乎也顺带着将一年的辛苦和劳累洗去了；小孩子们能帮就帮一点，但他们的主要任务是玩，大人们这时也并不责骂，随他们在边上撒开了跑。

除了进行大扫除使屋里屋外焕然一新，还有一个重头戏就是，为即将到来的年准备丰盛的食物。我父母在那段时间是最忙碌的，但孩子眼里满满的是对各种平时难得吃到的美食的期待。鸡、鸭、鱼、肉自不在话下，这时每家每户都会准备整只的鸡、鸭和完整的猪头（用来在大年三十的时候祭拜天地自然，方言叫"辞年"），将它们全部放在土灶上的一口大锅里煮好，煮好后的鸡、鸭和其他肉类会被浸泡在一种自制的美味盐酒之中，过一段时间即可入味。在年三十这一天和年后来客人的时候，父母取出其中的一部分，一小块一小块地切开，此时香味四散，让人垂涎欲滴，是我记忆里的一道绝味美食。鱼肉和猪肉加工好后被盛在大海碗里，自然冻好，吃的时候挖出来一些放在盘子里，像果冻一样美味。那时候天气冷，食物比较容易保存。这些美食不用储存在冰箱里，一直可以吃到正月十五元宵节甚至正月二十之后。

父母在年三十的上午要举行辞年仪式，感谢过去的一年平安顺遂，也祈盼即将到来的一年风调雨顺。

除了准备鸡、鸭、鱼、肉外，父亲和母亲还要磨豆子、煮豆浆、做豆腐，这是一项复杂的大工程。父亲先将大约 5 千克的黄豆清洗好，提前一夜浸泡到发胀。第二天一大早他就用两只大水桶将泡好的黄豆挑去村里碾磨，加水磨好之后的豆子重量超过了 10 千克。这时母亲已经在家里的土灶上将

一大铁锅水烧开，等父亲将磨好的豆子倒入预先准备好的直径约 70 厘米的大圆木桶后，母亲就开始将咕嘟咕嘟冒泡的沸水一勺接一勺地浇到豆渣上。木桶里的泡沫会越来越多，逐渐积起厚厚的一大层。焖上 10 多分钟之后再打开，可以清晰地看见那层密实的泡沫将底下的豆浆盖得严严实实，足有 10 多厘米厚。接下来要做的就是将这层重约 2 公斤的泡沫捞出。母亲将它们舀入另一口稍小些的铁锅内，小火慢炖，直到最后将这些泡沫煮到只剩 0.5 千克左右浓稠的状态，就变成松阳人口中所说的"豆腐娘"。吃的时候可以拌上一点酱油，放入一些葱花，虽然口感稍显粗糙，但味道却异常鲜美。

父亲和母亲配合默契，他们不慌不忙、有条不紊，每一个步骤都进行得如行云流水般流畅。

捞过泡沫后会剩下厚厚的豆渣水，母亲把它们分多次舀进大大的半圆形的竹编漏筛里清洗几次后，将剩余的豆渣扔掉。而那些被过滤下来的浓稠的豆浆水，再次被舀进大锅里，进行煮制。每当这时，我就守在灶前，等待着那即将出锅的豆浆。当豆浆终于煮透的时候，爸妈总会先给在一旁等候多时的、嘴馋的我盛上一碗。有时会加入酱油，随着酱油的滴入碗里泛起白色细密的浆花，特别诱人；有时会加入一些白糖，又或者干脆什么都不加，豆浆那醇香爽滑的味道胜过一切美味。"卤水点豆腐，一物降一物"，这在当时年幼的我看来是一件神奇的事情，就好像变魔术一般。在豆浆变成豆腐的第一步，这些原本液体状的乳白色的豆浆，随着卤水的加入，变得越来越厚。

接着，就到了将豆浆中多余的水分压出，然后制成豆腐这一步。父亲会推出一个大圆木桶在院子里摆好，并拿出一块正方形的大面板，将它悬空架在大圆木桶上，接着再将一块"井"字形的格子放在面板上，并在这个格子里铺上一块双层的大纱布（土话叫作"豆腐布"），豆腐布的四边留出足够的长度，以便之后可以将凝固的豆腐花完整地兜住。一切准备妥当，爸妈就一人扯住豆腐布的四角，另一人往里装豆腐花。多余的水分会透过纱布渗到面板上，又从面板上流到大圆木桶里，直到所有的豆腐花都被装到豆腐布里。当多余的水分排得差不多时，这个高 10 厘米左右的"井"字形豆腐架也被即将成形的豆腐浆填满了。这时母亲会将豆腐布一个角叠着另一个角，把豆腐包裹成方形，最后再在上面压上重物，挤压多余的水分，这样做也有助于豆腐的成形。到了第二天，搬掉重物，轻轻掀开豆腐布就可以看到白白嫩嫩的豆腐了。切下一块，啥也不加，放到嘴里，就能轻易打开你的味蕾。

　　除了做豆腐外，蒸发糕也是每家每户都必不可少的，寓意着生活"芝麻开花节节高"。蒸发糕和做豆腐一样是一项工序繁杂的技术活。用料调配的比例、醒发的时间和程度、蒸的时候火势的大小都会影响最终成品出笼的效果。将发糕切开之后，如果可以看到糕体上分布均匀、不大不小的气孔，糕体质地疏松柔韧，咬上去不黏牙，这样的发糕就属上品。在我的记忆里，纯朴能干的父母大多时候都能蒸出好发糕。一般他们会一次性蒸上三四笼，一些送给从新安江搬到这里的父亲的老朋友志强伯伯，一些送到外婆家，还有一些送给在城里工作嫌麻烦没时间也没地方制作这些美食的亲朋好友。现在我每次从老家回绍兴，父母总会让我带上一大块发糕，祝愿我新的一年工作生活"芝麻开花节节高"。

　　除了以上的美食外，还有芋艿做的山粉丸，晶莹剔透；用糯米做的包着精肉的椭圆形大汤圆，也可以包上陈皮，蒸熟之后，放在拌着芝麻的白糖里一滚，送进嘴里，顿时满嘴的芝麻香和橘香……小时候过年的味道以及对年期盼的心情，到现在都历历在目。

| 母亲在做豆腐 | 发糕 | 山粉丸 |

　　现在的日子越过越好了，以往在过年的时候才能吃到的美食，过年时才能穿到的漂亮衣服，在平常的日子都能轻而易举就得到，年也就失去了它独特的吸引力。现在的孩子已经感受不到年的珍贵了，这从某个角度来看不得不说是一种遗憾！

　　除夕夜感想，纪念我曾经过过的那些年。

2022-02-01 -3～5℃ 多云 空气良

这几天看到小区里的阿拉伯婆婆纳开了。

仔细观察阿拉伯婆婆纳，可以看见它那紫色的花冠上有深色的条纹，两个雄蕊相对而望，含情脉脉，又像是一对耳麦。它叶子不大，形状为心形或卵形，有 4～8 个深裂，形状和香菜叶子有些相似，所以在有些地区叫它"野芫荽"，芫荽是北方对香菜的俗称。它们耐寒能力极强，小小的身体几乎贴着地皮生长，毫不起眼，不仔细看根本不会发现它们的存在。

我还在草地上看到了像是阿拉伯婆婆纳缩小版的植物，它的叶片更加厚实，呈紫红色，花朵更小，呈粉红色，这是我们本土的婆婆纳。婆婆纳和阿拉伯婆婆纳都是玄参科草本植物，婆婆纳是本土物种，阿拉伯婆婆纳则原产于亚洲西部及欧洲，也叫波斯婆婆纳。两者的主要区别是花色不同，婆婆纳的花卉有蓝、白、粉三种颜色，花冠大多是粉白色的。阿拉伯婆婆纳的花朵是蓝色的，花冠是淡蓝色的，还有放射状的深蓝色条纹。

看来，我今天在草地上不仅遇到了阿拉伯婆婆纳，还遇到了婆婆纳。

2022-02-03 -4～7℃ 晴 空气良

天气预报显示未来两小时不会下雪，可以放心出门。

今天我在小区里转的时候，看到了白头鹎，还看到了几只零散的乌鸫，估计它们在群体行动的时候动作太慢还没有吃饱，正在捡食一些残羹冷炙。

第三章
天回暖，万物复苏、阳和启蛰之立春

立春

唐·刘长卿

谁家二月煮新丝，一江黄鲫应不识。

明日倘或桃李晓，莫问老梅知不知。

　　立春，又名立春节、正月节、岁节、岁旦等，为二十四节气之首。

　　立春时节，大地回春，终而复始、万象更新。立，为"开始"之意；春，代表着温暖、生长。

　　立春为"四立"之一，反映着冬春季节的更替，春生夏长、秋收冬藏。立春标志着万物闭藏的冬季已过去，开始进入风和日暖、万物生长的春季。

　　立春有三候："一候东风解冻，二候蛰虫始振，三候鱼陟负冰。"说的是东风送暖，大地开始解冻；立春五日后，蛰居的虫类慢慢在洞中苏醒；再过五日，河里的冰开始融化，鱼开始到水面上游动，此时水面上还有没完全溶解的碎冰片，如同被鱼附着一般浮在水面。

立春节气的花信风：一候迎春，二候樱桃，三候望春。

早春时节的玉兰树仍没有太多动静，枝条上各种结构还是此时的探索重点。

大部分树木沉寂在一片灰色之中，山野间莹莹孑立的檫木盛放出一树金黄。

2022-02-04　-7 ～ 4℃ 多云 空气优 立春

今日立春：冬去春来，万物迎新。我用前几天收集的带叶片的芽鳞做了立春节气照。

用前几天收集的带叶片的芽鳞做的立春节气照

2022-02-05 至 2022-02-08　-6～7℃ 阴 空气优

在老家的时间总是过得很快。我们就要回绍兴了，所以我在午饭前下楼，再一次去拜访了五指霸兰和它的小伙伴们。

五指霸兰的花苞似乎更大一些了，估计再过一段时间就要开放了。我在心里暗想，绍兴的小友现状如何？我看向五指霸兰右手边的那棵小树，它的一个侧枝被截断了，似乎是外力所致。我还在这株小树的树干上发现了一个小芽，背面似乎长了一条毛茸茸的小尾巴，与之前我在芽鳞背上发现的小尾巴有点相似。这个小芽究竟是叶芽还是花芽呢？如果是花芽，它的动作是不是有点慢了？

当我心满意足地返回家时，看到"观察一棵树"群里发来了本周的作业："1. 利用你第二周观察冬芽的知识观察树干、树枝。2. 判断自己观察的树是主轴分枝还是合轴分枝。3. 我们 16 个组观察的树都是什么分枝？ 4. 身边日常看到的树是什么分枝形式？"以上这些内容也是我一直感到疑惑的地方，那么就趁这个机会好好去了解一下吧。

2022-02-09　-2～9℃ 多云 空气优

明天要回绍兴了，今天我准备再去楼下转一圈。五指霸兰和小区里的其他玉兰都还没有开放的迹象。因为脑子里带着本周关于树干的几种分枝类型的问题，于是我重点观察了不同树种的整体树形。

通过上网查阅资料，我得知分枝是植物的基本特性之一，是植物生长的普遍现象。下图为高等植物常见的分枝方式，从左到右分别为二叉分枝、单轴分枝、合轴分枝和假二叉分枝。

茎的分枝方式（笔者手绘）

总的来说，单轴分枝在裸子植物中占优势，合轴分枝则在被子植物中占优势，两种分枝方式以合轴分枝为进化的性状。有些植物同时具有合轴分枝和单轴分枝，即单轴分枝的枝条为不结实的营养枝，而合轴分枝的枝条为结果枝。有些植物苗期为单轴分枝，生长到一定时期变为合轴分枝。结合以上资料加上实地观察，可以判断玉兰是典型的合轴分枝，有时也会出现部分假二叉分枝的情况。但总的来说，玉兰的树枝属于合轴分枝的形态。

我对县城常见的不同树种分枝形态进行了观察和总结。水杉是典型的单轴分枝；臭椿则是典型的合轴分枝；县城街头的悬铃木和槐树都属于先单轴分枝再合轴分枝的类型。从以上观察结果可知，大部分的树在小时候都是单轴，然后再慢慢变成合轴，这个结果就和前面的描述对上了。因此，常常遇到的情况是我们观察的树并不按照我们常识里所描述的那样去生长，有些树一开始明明是合轴分枝的样子，但慢慢却长成了单轴分枝的模样。这就需要我们改变对植物的教条主义和刻板印象，在遵从普遍性的情况下，接纳特殊性的存在，因为植物自己知道该长成什么样，一切都是以更好的生存和繁衍为前提。我们唯一能做的就是去仔细观察、感受和欣赏每一棵树那与众不同的美，这就够了。

2022-02-10 −1 ～ 8℃ 晴 空气良

今天难得的晴天，是我们回绍兴的日子。考虑到至少要开 12 个小时的车，我们一大早就启程了。

出发时，太阳初升，我透过路边成片的杨树林看向挂在天上橙色的它，忽然涌现出一种大漠孤烟直的感觉。从北到南，车窗外的景色各有不同。一开始，路上较为常见的是连绵的杨树，它们一大片一大片地挤在一起，光秃秃的树枝挺拔向上，越靠近枝头的枝条越细，形成一片连续不断渐变的灰色系，场面令人震撼。杨树上的喜鹊窝随处可见，这些窝做得比较粗糙，或是圆形的，像一个个篮球卡在树上，或是像一个个倒三角形的漏斗，吊在枝顶，形态各异，随形就势，并无固定的模式。

北方的山，大体上光秃秃的，即使有树也长得零零散散。用我和张先生的话来说，这些树不知在长什么——它们东一丛西一堆，毫无规律，更无美感，简直是长得乱七八糟。但谁又能说这不是一种美呢？我们暂且称之为不拘一格、豪放粗犷之美吧，这是有别于江南柔软温润、小家碧玉的一种美。正是有这样截然不同、形态各异的美，才组成了大自然风格迥异的面貌。

2022-02-12 至 2022-02-13　5 ～ 7℃ 阴 空气良

20 多天未见，不知我的小友现在怎么样了。它会不会已经开花了？希望别那么快，能等到我亲眼看到它第一朵花儿的绽放。期待着……

远远地看见我的那一片小花园，大部分植物都还笼罩在一片灰色中，包括臭椿、鸡爪槭、深山含笑、小友。再靠近一些，我看见小友遒劲的枝条以及臭椿挺拔的枝干全被雨水浸润透了，它们泛着深沉的棕褐色，透着亮光。当我定睛看时，发现小友枝头上的那个花苞还是我离去时的样子，基本没有变化。我一直担心会错过它第一朵花绽放的精彩，现在终于可以放心了。

臭椿　　　　　鸡爪槭　　　　深山含笑　　　　小友

我的心里充满着欣喜，对着这些植物默默地道了一声："嗨，好久不见！"

2022-02-14　2 ～ 11℃ 雾 空气良

早上，"观察一棵树"群里发来了第六周的作业："1. 树去年一年长出的部分，拍照分析＋画，分析去年由顶芽长出的是花还是茎。如果是花，找出花或者果实掉落的痕迹。如果是茎，是什么分枝？去年由侧芽长出来的是花还是茎？如果是花，找出花或者果实掉落的痕迹。2. 找出一些有对生叶的树。3. 理解具有对生叶树的分枝方式（假二叉分枝）。4. 将真二叉分枝植物拍照并上传图片。"

对于以上的任务，我期待着在观察中一个个去遇见，再一个个去解决。

2022-02-15　2～12℃ 晴 空气优

今天一早和家人一起去日铸岭老平王线徒步，不算路上来回的时间，整整进行了两个小时的沿路物种观察。大自然给我送上一个又一个的惊喜。

每年早春爬山的时候，我总能在大部分的树木还依旧沉寂在大片的灰色之中时，远远地看见一株株高大的、盛开着一树金黄色小花的檫木树，它那明亮的、鲜嫩的黄，给大地带来一丛丛耀眼的、令人欣喜的色彩。这个场景令我想起在一个视频里看到的大卫·霍克尼评价凡·高画作时说的一段话："在自然中，比如在一片树林中，我看到了万千表达和灵魂。是这样的，没错……我曾对春天的到来感到好奇，想知道最先发生的是什么，当然，一定是欢快与清新，一切都是那么的新鲜，不是吗？"我依旧清晰记得大卫在说这段话时眼里的光。我想我看到檫木时的眼神也必定是闪闪发光的。檫木在山野间莹莹孑立，挺拔的身姿令人一见难忘，但对于那盛放在枝头一簇簇的小花，我却只能默默欣赏，只能远观而不能细看。这件事也成为我心中的一大遗憾。

今天下山的时候，我依旧意犹未尽，双眼还是不断地被路旁的各种植物"绊"住，时时发出惊叹声。在一个转弯处，我又看到了一个熟悉的身影——檫木。这株檫木不像其他的檫木那么高大，我的注意力被它牢牢地吸引了。我坚定地对家人说："稍等，我得下去看看它。"大小两个人点头表示同意。

2018 年雪窦岭的檫木

今天转弯处偶遇的檫木

比起其他的檫木，从我们观察的视角来看，这株檫木的距离和高度都是比较适宜的。我从它身上看到了树枝被截断的痕迹，也许是它伸展的枝条阻

碍了公路的正常通行。一根被截断的一整个树枝就丢弃在树旁，我赶紧上前仔细查看。树枝上一个个裹得紧紧的花苞还是新鲜的，我据此判断这根树枝刚被截下不久。起初我很惋惜，但马上又欣喜起来，欣喜的是我第一次可以如此近距离地观察檫木花苞的模样。我的脑海中突然闪过一个念头，既然这根树枝被砍下遗弃在此，过一段时间之后它必定是枯死无疑的，那我何不试着从上面折几个枝子回家试试水养？运气好的话还可以看到花开，也算不枉这些花苞一个冬季的蛰伏。回头想想，我真的很庆幸当时的这个念头，正因如此，我才得以看到檫木开花时的盛世美颜。

檫木花苞

我将檫木花枝带回家后，马上找了一个玻璃瓶，我把花枝放进去并加水养护。我从来没养过如此巨大的插花，这些在檫木树上很小的花枝，在花瓶里却变成了庞然大物，看上去非常霸气。

对于植物，我习惯于跟随眼睛、跟随本心去观察，记录下最真实的第一印象和感受。我觉得如果一开始就去查找与植物相关的资料，在很大程度上会扼杀我的想象力。而先观察的好处在于，当我每次去观察的时候都带着对未知的好奇，就好像是将要去打开一个个的盲盒，带着些许刺激和挑战。正因为未知，整个过程才变得更为有趣并令人充满期待。在这个过程中，我对观察到的植物各部分结构名称的猜测完全是遵循内在直觉的，这种猜测或许有一点植物学的依托，但又不完全受限于植物学对植物各部分的定义，这时候我的思想是自由的，所使用的表达也并不一定科学甚至可能是错误的。但这又何妨？因为，观察过后再去查找资料比对印证的过程是极有意思的，往往会令人产生一种恍然大悟的感觉。如果答案是对的，会令我感到欣喜，如果结果有偏差或错了，我也会发出"哦，原来是这样啊！"的感叹，并由此深深刻在我的脑海再也不会忘掉。我喜欢并享受这种感觉。

在没有查找翔实的资料之前，我无法用专业的语言去对檫木进行描述。况且我带回来的也只是大分枝中的几个小的花枝，单纯从第一印象和观察欣赏的角度来看，只能算是管中窥豹了。

有一点可以肯定，檫木是先开花再长叶子的植物。我带回家的这几支檫木花枝长于枝顶，它们那略带红褐色的树皮质地紧密，表面竖向分布着细密的、略带弧度的纹理。这些细小的纹理泛出银色的金属光泽，组合在一起就像是笼罩在阳光下波光粼粼的水面。这景象有那么一瞬间令我产生一种错觉，这些静止不动的树皮纹理似乎在我的眼前一波波地如水波纹般荡漾开来，也像丝带在微风之下轻柔地翻滚着，带着一种韵律十足的美。而那些靠近花苞的枝条逐渐开始泛出暗绿色，这种暗绿色蔓延到枝条的背阴面。

我带着好奇的眼光细细打量着眼前的这几支花枝，不由自主地感叹造物主的神奇。檫木花枝上每一根枝丫的顶端都长着一个花苞，可谓是物尽其用，一点儿也不浪费。这些花苞大小不等，直径大约2厘米，每个花苞的最外轮都包裹着3个小苞片，它们颜色暗哑，深墨绿色中带点暗红。再往内一层有5片更大一些宽卵形的苞片，将它们展开测量后可知大约长1.2厘米、宽1.5厘米。当然，苞片的尺寸因花苞大小的不同而不尽相同。就像是玉兰的芽鳞表面长着长长的茸毛为花芽保暖一样，檫木的花苞片表面也布满了厚密的茸毛，只不过檫木的花苞片表面的茸毛较短，密密地贴着苞片，犹如高档柔滑的丝织品，闪耀着诱人的金属光泽。檫木花苞的总苞片一层错叠着一层，将花苞里5层外3层完美地保护起来，它们经过整整一个冬天漫长的酝酿，现在一个个都圆滚滚的，膨大到极限，就等着花儿挣破守护，欢畅淋漓地在初春的枝头歌唱。我想到冬季的芽鳞、苞片对花朵的保护，就像父母守护着自己的孩子一样，无私、伟大、不计回报，即使耗尽自己的生命，也在所不惜。

第二天起床的时候，儿子欣喜地跑过来跟我说："妈，檫木开花了！"我赶紧去看，只见檫木花枝上一簇簇的花朵颜色是那么的明亮嫩黄，看上去娇弱无比，惹人怜爱，像夜空中璀璨的烟花。我用尺子测量了一下，盛放之后单朵檫木花展开的宽度达4厘米左右。

　　为了更加清楚地了解檫木花的结构，我取下其中 1 个花苞，放到显微镜下细细观察。我看到每个花苞都由数十条花梗组合在一起，每条花梗的长短不一，约 3 厘米。花梗上长着细密的茸毛，其上有 10 朵小花，小花花柄细长，长约 1 厘米。小花被分成 3 排，每排 3 朵，围绕着花梗着生，顶部单独 1 朵进行收尾。在每 1 条大花梗的底部还分别长有 1 片匙形的小苞片，这片小苞片的背部同样密被细茸毛，就像睫毛般美丽。总苞片被打开的花朵的花梗挤在底部，但不管它们是多么的张扬，花萼和苞片也在背后紧紧地把它们拢在一起。这些长短不一的缀满花朵的花梗就像被裹在一起的一团流光溢彩的作品，像流苏一般，也像是正在燃放的烟花，绚丽夺目。我还观察到当檫木花朵完全开放的时候，在它的花心部位有 2 个细嫩的叶芽。这令我感到好奇，难道檫木的叶子是从花心中萌发出来的吗？这有点意思，有待我进一步的观察和求证。

最外层的 3 个苞片　　　　盛开的檫木花　　　带有睫毛的匙性小苞片 花心部位的小叶芽

　　檫木花的味道闻着淡雅清新，根本无法用语言来形容。我的脑海里不自觉地出现两个字：米果。是的，这香味就像是米果的味道。我也不清楚我在哪里尝过，但感觉这就是那种淡淡的、带着一股清香的米果的香甜味道，是咬一口能让人唇齿留香回味无穷的那种味道。

　　《中国植物志》中对于檫木的描述为：檫木，樟科，檫木属。难怪我感觉檫木的花如此眼熟，和樟树花的结构很像，原来它本是樟科植物的一种。

　　檫木是雌雄异株的植物，我们可以经常观察到生长间隔非常近的雌雄檫木。檫木的叶片为卵形或者倒卵形，长度在 9 ～ 18 厘米，叶子的形状与鹅的脚掌有几分相似，所以也常被称为"鹅脚板"。

这两天因为能如此近距离地欣赏檫木花的美，我的心里每天都洋溢着幸福，我感觉和它们度过的每分每秒都是那么的妙不可言。这个春天，感谢有你——檫木。

2022-02-16 2～5℃ 阴 空气良

大自然犹如一个宝藏，一辈子都不够用来探索。我每天都觉得很忙，忙着去探索、去发现，虽然今天的树和花看着还是昨天的那棵树和那朵花，但它们确实和昨天又不一样了。在我睡着的静静的夜里，在我忙于各种琐碎事情的时候，植物们一刻不停歇地吸收着营养和水分，它们在悄悄地变化着。我根本来不及看，也追不上它们的脚步。花儿们从来都不会等，让我们亲眼看见它的花瓣张开的第一瞬间，或许这也是它们的傲娇吧。

没有关系，那就心平气和地跟在植物的身后吧，你所能看到的一切都是喜悦，都是恩赐。

中午去食堂买饭的时候，顺便去跟我的小友打了声招呼。位于小友左前方的深山含笑先吸引了我的目光，只见它的枝头挂满了花苞，一年四季都是那么神采奕奕，无论是深秋还是寒冬都是绿意盎然。深山含笑，一个多么令人遐想的名字啊！有位佳人，隐在深山，微微含笑。早春时节，当万物还沉浸在冬日舒缓的休眠状态，深山含笑已经傲气凛然地在枝头含苞待放了。抬头细看，它枝顶白色的花朵已经三三两两地绽放，而低处花苞的身形也胖了不少，它们正在尽力挣脱那御寒的外衣。可以想象，它们绽放的那一瞬间，会犹如面白唇红的美人挪开了挡在眼前的扇子，带着笑意地望向你。

转身去看我的小友，它依旧还未有动静，那我就继续静待花开吧。

2022-02-17 2～4℃ 小雨 空气优

今天，群友们对节、节间、叶痕、托叶痕、皮孔、芽鳞、芽鳞痕、维管束痕、花芽、叶芽等内容在群里展开了热烈的讨论，我在学习思考之后进行了梳理。

浪推风晚老师发的一张"核桃树冬枝"图片帮助我们清楚了解了以上提到的大部分结构。总结如下：落叶乔木和灌木的冬枝，可以将叶痕、芽鳞痕、皮孔等的形状，作为鉴别植物种类、植物生长年龄等的依据。落叶植物的叶子掉落之后，在茎上留下的叶柄痕迹，称为叶痕。叶痕内的点线状突起，

是叶柄和茎之间的维管束断离之后留下的痕迹，称为维管束痕，简称束痕。芽鳞痕是顶芽（鳞芽）开展时，外围的芽鳞脱落后留下的痕迹。顶芽每年开展一次，因此可以根据芽鳞痕来辨别茎的生长量和生长年龄。另外，茎上叶和芽的部位叫作节，两个节之间的部分叫作节间。

　　白一韦老师还提出一个容易被大家忽略的结构——托叶痕。我一开始对托叶痕这个概念完全不了解，后来，随着观察的深入，在目睹了玉兰的托叶及托叶掉落后形成的托叶痕后，才真正明白托叶痕的位置和概念，我感觉这个过程非常有意思。为了更加清楚地阐述冬枝的各部分结构，我选择了对小友身上进行定点观察的一节枝条，绘制了"冬枝的秘密"这张观察笔记图。

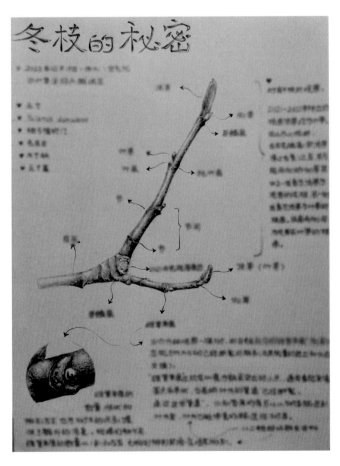

冬枝的秘密

　　观察和绘制是大量查找资料和不断加强记忆的过程，比起单纯拍摄一张照片有意义得多。绘制的时候，你不会错过每一个细节，哪怕是一个小小的皮孔或是一条细细的裂纹。我所绘制的这截枝条，它的顶芽都是叶芽，但是关于枝条各部分的结构和名称，对于现阶段的我来说，不懂的依旧不懂，迷糊的依旧迷糊，即使现在懂了、理解了，但过一段时间说不定又忘了。这个过程是循环往复的，直到最后真正地认识它们。

　　不管怎样，享受这个过程，也是一件美事。

第四章
雨渐增，草木抽芽、气温回暖之雨水

春夜喜雨

唐·杜甫

好雨知时节，当春乃发生。

随风潜入夜，润物细无声。

野径云俱黑，江船火独明。

晓看红湿处，花重锦官城。

雨水，二十四节气中的第二个节气。

雨水和谷雨、小满、小雪、大雪等节气一样，都是反映降水现象的节气。雨水节气标示着降雨开始，适宜的降水对农作物的生长很重要。

雨水节气，中国北方阴寒未尽，尚未有春天气息；南方大多数地方则春意盎然，一幅早春的景象。此时节天气变化不定，忽冷忽热，乍暖还寒。

雨水有三候："一候水獭祭鱼，二候鸿雁来，三候草木萌动。"说的是雨水节气来临，水面冰块融化，水獭开始捕鱼了。水獭喜欢把鱼咬死后放到岸边依次排列，像祭祀一般，所以有了"獭祭鱼"之说。雨水五日后，大雁开始从南方飞回北方。再过五日，草木随着地中阳气的上腾而开始抽出嫩芽。从此，大地开始呈现出一派欣欣向荣的景象。

雨水节气的花信风：一候菜花，二候杏花，三候李花。

玉兰花苞依旧瘦弱，四季鹿不急不躁似乎自有打算，那就静候佳音。深山含笑绽放出洁白花朵，与静默的玉兰、臭椿、鸡爪槭形成鲜明对比。

2022-02-19 2～4℃ 晴 空气优 雨水

雨水时节，南方大多数地方春意盎然，一幅早春的景象。

雨水节气照

在雨水这一天，小友的邻居深山含笑绽放出洁白的花朵，而小友依旧没有动静。

2022-02-20 至 2022-02-22　0～4℃ 多云到小雨 空气良

2月20日这一天我一直在做观察记录的收尾工作。

2月21日的天气预报显示多云，但早上起床的时候，我却难得地看到了初阳、云彩，美好的一天开始了！我的眼睛掠过依旧在盛放的檫木花，心情瞬间变得犹如花朵般明亮。

2月22日零星小雨，低温蓝色预警：南方多地气温显著偏低。在办公室里我明显感觉到冻手冻脚，心想这倒春寒确实不假。到工作室楼下的时候，我看了一眼小友，它还是那样，估计要等到天暖的时候绽放了。小友啊，你慢一点，再慢一点，等我忙过这阵再开吧！我看到倒映在车身上的朴树、枫杨和泡桐，特别美；我也看到低处的深山含笑花苞的衣服快完全脱掉了；我还看到高高的臭椿树枝丫顶端停着一只乌鸫。大自然的一切虽然无言，但却热烈。

接下来的这段时间我会比较繁忙，要上课、做植物科学画、记录观察、做竞赛指导……还有一些不可预见的事。那就收拾好心情，练习、观察、学习、上课，合理安排时间，过好当下。

2022-02-23　-2～5℃ 雪转雾 空气良

我本以为今年与雪无缘了。早上6点15分，我被闹钟的嗡嗡声叫醒，睁开蒙眬的双眼，在床上继续躺了一会儿，隐约听见窗外雨水滴答的声音。起身上厕所时我瞄了一眼窗外，只见白茫茫的一片，哇，下雪了！

儿子说："这雪下的，就像是天上有一个人在挠头皮屑。"我没想到还能这样来形容雪，仔细一看，觉得还真是挺像的。孩子的想象力有时会超乎你的想象，在这一点上，谁又能说他不是我的老师呢？

这几天，小友的花苞和一开始似乎还是没有什么区别，依旧是那么瘦弱。我开始有点担心，它还能开出花儿吗？但是看四季鹿不急不躁的样子，似乎自有打算，那我就静候佳音吧。雨雪过后，下周的气温将达到20℃，转暖之后花儿们就都要陆续绽放了，可以预见接下来我会更加忙碌。

小友和它的邻居被薄薄的雪装点得格外妖娆

2022-02-24 至 2022-02-25　-1 ～ 7℃ 晴 空气良

2月13日那天我带回家的春兰花剑含苞待放了，2月24日我抓紧记录下了花苞绽开的瞬间。

2月25日，全国大部分地区气温逐步回升。

小友还是没有变化，它给了我充足的缓冲时间，让我能安心地将手头的事一件一件做好，很贴心。那株离小友百米远的玉兰也同样未有动静，但它的花苞似乎比小友的花苞要更饱满一些。

2022-02-26　3 ～ 13℃ 晴 空气良

最近我在学习兰科植物。恰好昨天看到朋友圈里大宋老师发了府山的兰花展，于是，吃过午饭我就带上我的速写本直奔府山兰花展而去。

身边参观的人群像走马灯似的来来往往，他们欢呼雀跃，叽叽喳喳，关注点无一例外地都在每一种兰花得的是什么奖上。我听他们在说："你看这是金奖，那是银奖。放在门口地上的那些肯定是很差的了，否则不会连室内都放不了。"我边低头画着我眼前的金奖得主，边感觉啼笑皆非，心里五味杂陈。

金奖长乐荷，圆咕隆咚甚是可爱

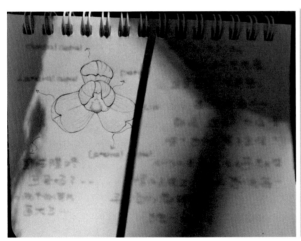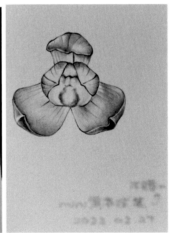

现场写生了长乐荷，回来后又尝试着上了明暗调子

2022-02-27 至 2022-03-01　3～13℃ 晴 空气良

　　2 月 27 日，我忙于准备上课资料，处理各种杂事。接下来几日气温一下升到 20 多摄氏度，令人误以为夏天来了，不过室内还是阴凉的。

　　接下来，从 2 月 28 日至 3 月 4 日，我开始本学期连续一周的课程教学，这期间几乎无暇顾及玉兰。

第五章
雷乍动，春风化雨、万物生长之惊蛰

惊蛰

唐·刘长卿

陌上杨柳方竞春，塘中鲫鲋早成荫。

忽闻天公霹雳声，禽兽虫豸倒乾坤。

惊蛰，又名"启蛰"，是二十四节气中的第三个节气。

惊蛰时节，阳气上升、气温回暖、春雷乍动、雨水增多，为春耕开始的节令。"春雷惊百虫"——春雷始鸣，惊醒蛰伏于地下越冬的土鳖虫。自然生物受节律变化影响而萌发生长，万物生机盎然。

惊蛰分为三候："一候桃始华，二候仓庚（黄鹂）鸣，三候鹰化为鸠。"说的是桃花的花芽在严冬时蛰伏，惊蛰到来之际就开始开花了。二候时，黄鹂鸣叫，动物开始求偶。三候时，天空中已经看不到雄鹰的身影，只能听见布谷鸟在鸣叫。此处的"鸠"即今之布谷。

惊蛰时期的花信风：一候桃花，二候棣棠，三候蔷薇。

　　玉兰花苞日渐膨大，苞片被撑到极致露出清晰纹路时花朵绽放，叶芽随之萌动。深山含笑如香槟倒在树梢，瀑布般倾泻而下。冬天结束，所有植物都开始生长。

2022-03-05　6～17℃ 晴 空气良 惊蛰

今日惊蛰：微雨众卉新，一雷惊蛰始。近期冷空气频繁，却难挡升温浪潮。

买早餐回来的路上，我看见贴着无患子附近的那几株玉兰，赶紧停下来，围着它们细细查看。其中一株玉兰花苞最外面一层苞片的颜色属于马卡龙色系里那种带点嫩黄的绿色，它的上面覆盖着短短的茸毛。花苞外面深色的芽鳞大部分都已经脱去，还有一些依依不舍，轻轻地附着在充满生机、含苞待放的花苞一边，对花苞进行着最后的守护。

惊蛰节气照

我站在树下仰头往上看，看到一个个花苞迎着初阳或近或远地点缀在枝头，呈现出一片生机勃勃的景象。在这株玉兰附近有另一株更为低矮的玉兰，其花苞外芽鳞上的茸毛更长一些。这两株玉兰树种的区别需要等它们绽放的时候才能一探究竟。

昨天我去看小友的时候，在定点花苞枝条底部发现了一位新到访的住户。起初我并没有注意到它。当时的空气有点潮湿，我正在仔细查看湿漉漉的深色枝干和同样有点湿漉漉的花苞。花苞除了个头变得更大一些，包裹在它外面的芽鳞的颜色开始透出点紫红色，似乎没有其他变化。这时，我注意到枝条之间空隙的地方有些细细的、闪闪发光的小水珠，仔细一看，哇，原来是一个蜘蛛网。这个网以我观察的这条花枝为中心，将周边一圈设定成它的狩猎范围，而这个织网能手在哪里？我仔细搜寻，终于在网中心找到它的藏身之所。蜘蛛的身体是长条形的，全身的颜色几乎和树枝的颜色一样，它用细长的腿紧贴着树枝。它很聪明，选择了枝条底部安全的地方将自己隐藏起来，不仔细看绝对发现不了它。

当时我所观察到的网还算是比较完整的，到了下午我再去察看的时候，发现网有些破损，估计是激烈的捕杀之后导致的结果。我心里想着一夜之后蜘蛛和它的网不知会如何，所以今天一到工作室楼下，我就踩着那条麦冬小径去看它，只见它的网又变得完美无缺了，看来它忙活了一晚上。一根根细丝整整齐齐，在阳光下闪闪发亮，蜘蛛则气定神闲地趴在树枝上休息。

工作一天，在我离开工作室的时候，已经将近晚上9点，回家之前，我想再去看一眼蜘蛛。四周黑乎乎的，风很大。我深一脚浅一脚地穿过麦冬小径来到我的专属花苞面前，打开手机上的手电筒，出现在眼前的又是一张已经支离破碎的网，在寒风中凌乱地飘着，似乎在不久之前这里进行了一场激烈的斗争。仔细看，蜘蛛依旧拉长了它的身体紧贴在树枝背后。或许再过一会儿，它又要开始忙碌一整夜来重新织出一张光鲜亮丽、完美无缺的网了。

2022-03-06 至 2022-03-08　　5 ～ 9℃ 小雨 空气优

东北部分地区有降雪，南方大范围阴雨天气。

3月6日傍晚，在我下楼准备回家的时候，发现天空竟然飘起了雪，其实是雨夹杂着雪，令我切实感受到了"冷冷的冰雨"的滋味。

我非常喜欢大卫·霍克尼在《诺曼底的一年》中对春天的描述："当冬天结束，所有的植物开始生长，我曾说，有那么一刻仿佛自然苏醒了，一切又都变得挺拔了起来，就像是香槟酒倒进了灌木丛中，真的非常壮观非常美，但这个时刻只存在了两天左右，那是最巅峰的时候……"我觉得，此时的深山含笑就如大卫·霍克尼所说的那样——如香槟倒在树梢，瀑布般倾泻而

下。而小友的花苞则是另一种香槟的模样，它们闪闪发光，使这个春天充满了生机。

这段时间小友的叶芽基本没什么变化，而花芽上则不时有访客到来。

2022-03-09 至 2022-03-10　8 ～ 20℃ 晴 空气良

说实话，我的心情在这段时间里是复杂的。全国各地的群友都在晒玉兰花开的精美图片，校园里、小区里也有很多玉兰陆续开始绽放，而我的小友至今还未有大动作，但是它的花苞已是肉眼可见地一日比一日膨大。我期待着它早早开放，让我一睹芳容，但我又希望它不要那么快绽放，这样我还能慢慢欣赏它现在这幅毛茸茸的可爱模样。

其实我想满树的花苞又何尝不是一种美呢？它们开放时似乎就可以预见它们开败之后有点伤感的画面。公众号"植物星球"里有李叶飞老师的一篇关于望春玉兰花期的推文令我印象深刻："望春玉兰开得有点快，含苞了两天，我以为会有一个盛开且不邋遢的状态，至少保持两天，结果一下子散开，地上落满了花瓣，开得太潦草了……"这也是我不那么期待小友开花的原因，整整漫长一个冬季的酝酿，虽灿烂却那么短暂。

满树花苞，别样的美

就像蝉的一生，成虫将卵产在树上，到了第二年春夏，蝉卵才能孵化出幼虫来。刚孵出的幼虫会顺着树干爬到地上或掉落地面，然后找松土钻入地下，在地下生长 3 ～ 7 年，有的长达 10 年。幼虫靠刺吸式口器吸取树根的汁液，然后才破土而出，爬到树上，蜕去外壳，变成有翅膀的蝉，开始鸣叫，同时开始找另一半。即使找不到另一半，最多两周时间，它的一生就结束了。

　　不管花儿们盛放的绚烂是多么的短暂，或者蝉蛰伏 10 年只有两周的生命，对于大多数花和某些昆虫来说，也值得了，因为它们完成了自己的使命。如此看来，对于终将到来也终将凋谢的玉兰花，我也释怀了。不管是生命的哪一个阶段，也不管是为了什么，都是美好、独特而珍贵的。这就是生命，没有道理可言。

　　我回头翻看了从今年 1 月 8 日开始观察的图片记录，发现了一些有趣的现象：通过持续定点的观察，肉眼看来小友似乎变化不大，但是仔细对比还是有很大的不同的。

　　2022 年 1 月 10 日，也就是开始观察玉兰的第 3 天，那时的花苞看上去"外套"很厚实，密实的茸毛将它紧紧地包裹住，茸毛呈现黄白色，稍带点金属光泽。从图片中可以看到，在我观察之前，已经有 3 个环状的芽鳞脱落的痕迹。根据这个痕迹，我做了如下的推断：一个花芽至少穿了 4 层"保暖外套"。不过我也看多了植物不按常理出牌的情况，猜想一个花芽所穿芽鳞的层数也不一定是绝对的，有待我在接下来的观察中进行仔细比对。

三个不同时期的玉兰花苞的对比图（左图是 1 月 10 日的玉兰花苞图，右上图是 3 月 4 日的玉兰花苞图，右下图是 3 月 10 日的玉兰花苞图）

先花后叶的玉兰在当年春季花开过后就又开始萌发来年的花芽，花芽分化在夏季进行，之后这些花芽开始进入休眠期，直到第二年春季再次开花。

我在 2022 年 1 月 8 日第一次去看我的专属花苞的时候，看到的是它穿着最后一层"羽绒服"的样子。当时我先入为主地以为这就是它原本的、一贯以来的模样，殊不知它已经历了一整个夏天和冬天的蛰伏，并且已经脱掉了 3 层"外套"。左图中还有一个比较重要的信息，与枝条连接的第一个芽鳞痕的右侧有一个小芽苞，这个小芽苞从开始到现在一直都没什么大的变化。我对它的初步判断是叶芽。我同样注意到在第三层芽鳞痕的右侧也有一个芽苞，它的形状有点像点赞的大拇指。这个芽苞从我开始观察到花苞露出的这段时间虽然也有长大的趋势，但基本变化不大。

右上图摄于 2022 年 3 月 4 日，天气暖和，某小虫子正在造访花芽。与左图相比近两个月了。肉眼可见的是芽鳞上的茸毛开始变得稀疏，芽鳞内部的颜色渐渐泛出一抹紫红色。随着天气的转暖，芽鳞可以通过自动调节表面茸毛的多少来对花芽进行不同阶段的保护，这不禁让我感叹植物生存的智慧。

右下图是我 3 月 10 日早上拍摄的花苞，已经经过一周的时间了。与右上图相比，玉兰花苞的个头变得更大，芽鳞上的茸毛也变得更少。

我喜欢我的玉兰——慢性子的小友，在周边很多玉兰早已快开败的时候，它不紧不慢，似乎特意为慢性子的我而来。你慢点，再慢点吧。

充实的一天。期待每天不一样的风景。

2022-03-11　9～22℃ 晴 空气良

我的小友毫无悬念地开始脱"衣服"了。

今早我停好车后的第一件事就是径直走向我的花苞。果不其然，随着花苞越来越膨大，裹在第四层的芽鳞再也容纳不下它了。昨天我来看它的时候，芽鳞还严丝合缝的，但此时它已经自上而下竖着裂开一条口子。花苞从芽鳞中挣脱出来，只不过依旧并未露出花朵，因为它的外面依旧还穿着显得有点皱巴巴的、蜡黄色的肉质"毛衣"。当我逆着光去看，露出的花苞顶端嫩得透光。在打开的芽鳞右边的裂缝处隐约可以看到一个绿色的小叶片的身影。

一直静默的四季鹿，默默地关注着花苞，守护着它，不急不躁；我那定点观察的叶芽直到现在也基本没什么变化。稍晚些的时候，我测量了一下即将开放的花苞长度，达 4.5 厘米左右。这时的芽鳞打开的程度比起早晨更大了，右侧的小叶片也探出一个小小的弧形的边缘。花苞顶部因为透光而变成明黄色。此时的叶芽长 2 厘米左右。位于玉兰高处树枝上的花苞渐渐泛出紫色，与我的定点花苞相距不远。长得更高一些的花苞的生长总体更快一些，它们有的将脱下一半的芽鳞顶在头上，还有的芽鳞里面的叶芽已经舒展开来，展现了一派生机勃勃的热闹景象。

　　我将 3 月 10 日和 11 日拍摄的两张照片放在一起做了一个直观的对比。通过比较，可以发现这个时期小友的芽鳞变得越来越薄，芽鳞上的茸毛也越来越稀疏。直到昨天，暴露出来了越来越清晰的紫红色纹路，我就知道花儿即将挣脱束缚要与我见面了。

3 月 10 日的花苞　　　　3 月 11 日的花苞　　　　3 月 11 日的叶芽

2022-03-12　10 ～ 25℃ 晴 空气良

　　今天早上我去食堂的时候，依旧要经过无患子旁的 4 株玉兰。我对它们开花的节点虽然没有像对小友那般上心，但它们满树的花盛放的场景实在是太诱人了，于是我每次经过的时候就不由自主地停下来看看。通过观察，我可以确定其中最靠里面的那一株为白玉兰，这个判断与当时观察到的这株玉兰花苞芽鳞上覆盖的茸毛特点也能对应上。还有离得较远的那株玉兰初步判断是望春玉兰，因为它在这 4 株玉兰中花期最早，凋谢也最早。我

一直以为靠路边其余两株玉兰是望春，但是我解剖了一朵掉在树下的玉兰花苞之后，又不敢确定了。

于是，我静下心来老老实实地去查了《中国植物志》，并结合蒋老师的推文及图片进行了学习。我对常见的几种玉兰进行了总结，记录如下，内容主要包括树形、花型和果实的特点。

玉兰：落叶乔木，高达 25 米，胸径达 1 米，枝广展形成宽阔的树冠；花蕾卵圆形，先开花后长叶，直立，芳香；花被片 9 片，白色，基部常带粉红色，近相似，长圆状倒卵形；聚合果圆柱形；蓇葖厚木质，褐色，具白色皮孔；种子心形，侧扁。花期为 2 ～ 3 月，果期为 8 ～ 9 月。野生型的花朵基部多具红色条纹，栽培型常为纯白。

望春玉兰：落叶乔木，高可达 12 米，胸径达 1 米；树皮淡灰色，光滑；花先叶开放；花梗顶端膨大，具 3 苞片脱落痕；花被片 9 片，外轮 3 片紫红色，近狭倒卵状条形，中内两轮近匙形，白色，外面基部常带紫红色；聚合果圆柱形；蓇葖浅褐色，近圆形，侧扁，具凸起瘤点；种子心形，外种皮鲜红色，内种皮深黑色。花期为 3 月，果期为 9 月。

二乔玉兰：玉兰和紫玉兰的杂交，落叶乔木；先开花后长叶；花被片 9 片，外轮 3 片略小或等大，品种繁多，花色从偏白到近紫红均有，但大多数为粉红色，呈渐变过渡型，不似野生玉兰那样红白分明；小枝粗，褐色。二乔的名字借用三国时期大小乔故事，说明花型的特点。

紫玉兰：落叶灌木，高达 3 米，常丛生；树皮灰褐色，小枝绿紫色或淡褐紫色。花蕾卵圆形，被淡黄色绢毛；开花和长叶同时进行；花被片 9 ～ 12 片，外轮 3 片萼片状，紫绿色，常早落，内两轮肉质，外面紫色或紫红色，内面带白色，花瓣状，椭圆状倒卵形，花药侧向开裂；雌蕊群淡紫色，无茸毛；聚合果由深紫褐色变为褐色，圆柱形；成熟蓇葖近圆球形，顶端具短喙。花期为 3 ～ 4 月，果期为 8 ～ 9 月。

除以上常见的几种外，还有天目玉兰、飞黄木兰、荷花木兰（广玉兰）、黄山木兰、星花木兰、天女花、红运玉兰等，待以后和它们有缘相见时再细将。

一遍总结下来，我心里总算有点数了。暂时判断无患子边上的这 4 株玉兰一株为白玉兰，一株为望春玉兰，两株为二乔玉兰。

我的小友虽然花色为深紫色，而且似乎花叶同出，但它不是灌木，且

花的外轮也没有紫玉兰 3 片萼片状花被片的典型特征，应该是二乔玉兰。至于花叶同出的现象，易咏梅老师提出一个猜想：玉兰花开花时温度升高，造成叶芽也同时开始萌发，所以出现了"花叶同出"的结果。我认为这个解释比较合理。如果将小友的花和无患子树边上的这两株二乔玉兰的花放在一起进行比较，单从颜色上来判断完全不是一个品种。但蒋老师对二乔玉兰特征进行了描述：花被片 9 片，外轮 3 片略小或等大，品种繁多，花色从偏白到近紫红均有，但大多数为粉红色，呈渐变过渡型，不似野生玉兰那样红白分明……如此看来，这 3 株玉兰很可能是同种了。

　　昨天我在无患子树边上的几株玉兰树下转悠的时候，意外地在树下草丛中捡到 3 个未开放的玉兰花苞。花柄断裂处看上去比较整齐，是被鸟儿啄食下来的吗？还是被松鼠咬断的？我发现花苞的花被片上有很多不规则的破损，应该是被虫子啃食或是被鸟儿啄食的痕迹。其中一个花苞在掉落着地的时候，一颗小石子深深地嵌入它的花被片中。

　　我将它们带回办公室，第一件事就是解剖这朵带着小石子的玉兰花。我将花被片按照解剖时取下来的先后顺序进行了排列编号，发现最内轮的花被片较小，中间轮的 3 片花被片较大，外轮的花被片中等大小。也有可能是花苞还未发育好的原因，导致内轮 1 片花被片看上去有点小。我细细地数了它的雄蕊，共 67 枚。当我解剖到内轮并摘下第七片和第八片花被片时，露出的雄蕊群和最后一个花被片结合在一起的样子像极了孙大圣抱着一大串香蕉并将下巴紧紧顶在香蕉上的场景，简直是惟妙惟肖。看到这一幕时，我真的惊呆了。那就是活脱脱一个头上戴着一顶毛茸茸帽子、身上披着一件紫色斗篷的孙猴子！只见他正弓着背，小心翼翼、表情凝重地抱着一大串香蕉，他将下巴静静地抵在香蕉串上，生怕一不小心就掉了……我上看下看，左看右看，不管从哪个角度去看都很形象。从前面去看可以看到它的脸，从侧面去看可以看到它的鼻子、嘴巴以及栩栩如生的表情，从后面去看可以看到它的后脑勺和耳朵。这简直太有趣了！如果不是亲眼所见，我绝不相信玉兰花苞里藏着一个抱香蕉的美猴王。

解剖一朵玉兰花　　　　　　　　活脱脱一个抱着一大串香蕉的孙大圣

　　从显微镜下可以观察到这朵玉兰的雄蕊和雌蕊群的模样。因为这朵掉落的花苞还未成熟，所以可以看见它的雄蕊和雌蕊都比较鲜嫩。雄蕊成熟的时候会从两侧竖向裂开散出花粉粒，现在从它的两侧可以清晰看到两条竖向的线缝；雌蕊群同样也是鲜嫩欲滴的，一根根雌蕊既像蜗牛的触角也像乌贼的触须，又像弹力十足的橡胶。雌蕊的下半部分是雄蕊生长的位置，它们将雌蕊团团包裹住，脱落的时候会留下明显的近圆形的痕迹。通过这次解剖，我更进一步地了解了玉兰花的结构。

　　再来看看我定点观察的花苞现在的样子。今天早上，我看到它最外层的芽鳞除了被内部花苞撑得越来越薄外，个头上和最初的时候有小幅度的变化。当它开裂之后就停止生长不再变大，它最后的高度停止在 4 厘米左右。随着花苞的不断生长，芽鳞弓着背渐渐退缩到一边，不再消耗母树的营养，全力以赴地支持花苞的绽放，直到干瘪皱缩剥离母体，也许某阵风就可以轻而易举将它带走，最后落入泥中。

　　和昨天相比，我现在可以清晰地看见芽鳞打开后第一层露出来的犹如初生婴儿皱缩的皮肤般嫩嫩的蜡质苞片，经过一天的风吹日晒之后，它快速地老成起来，现在的颜色已经变得有点黄褐色了。花芽经过一夜不停的生长，现在这层苞片也已被撑破，从它的里面露出另外一层更加鲜嫩的苞片。这片苞面的顶部是明黄色的，靠下些带点紫红色，同样也是皱巴巴的。玉兰花苞"脱衣服"的过程犹如开盲盒一般有趣，令人充满期待。而那张藏在芽鳞右侧的叶片此时已露出大半个身子，犹如小孩第一次被带着去拜访亲友，因为怕生畏畏缩缩地躲在父母身后不敢出来，但是又对这个世界充满了好奇。这片叶子在芽鳞开裂之前就已经和花苞一起早早做好了准备，以至于一开门，它就是一个完整的叶子的模样了。

今早花苞的状态

当我下午再次去看我的花苞时，最内层的苞片已经露出了二分之一，米白的底色中微微透着紫。右侧的那片叶片这时也已完整地呈现在我的眼前。它以中脉为中心，两边的叶片依旧黏合在一起，并未打开，叶缘覆盖着柔柔的白色细毛。此时，最外层的那个芽鳞颜色越来越深，与中心苞片的鲜嫩颜色形成强烈的对比。

傍晚，我再次去造访它时，四周一片漆黑。我打开手机的手电筒，发现那片叶子的叶片在离叶柄较近的地方已经打开了一部分，而叶片上部依旧黏合在一起。如此形成的凹陷成为一个绝佳的躲避场所，一只类似蚂蚁的黑色小昆虫正藏身于此。在我刚想探个究竟时手机却没电了，只看了一眼就彻底罢工。于是我只好先离开去工作室为手机充电。

下楼回家的时候，我约上友彭在夜色中再一次去探望我的专属花苞。我这次是寻着那只小虫子去的。一面之缘，不知它是否还在？循着手机的灯光，我俩欣喜地看见了它那小小的、黑色的身影，只不过看上去有点雾蒙蒙的，细细一看，发现原来它给自己织了一层薄薄的网。这层网与叶片形成的天然躲避场所一起构成了一个更安全、透气的屋顶结构，这样它就可以更好地减少被捕捉的危险。为了观察得更清楚，友彭轻轻地掰了一下叶片，没想到这

一轻微的抖动使它仓皇出逃，瞬间，它就隐入了黑沉沉的夜幕中不见了踪影。一开始，我以为它掉到草丛中了，一阵慌乱之后，发现它竟然重新出现在我的视线中，此时它正牵出一条丝线悬挂在叶片的右下方。晃荡一阵之后，它似乎知道危险解除，便开始往上爬，就像蜘蛛一般。它究竟是什么物种？长得像蚂蚁，但是会吐丝结网。

没一会儿它就重新爬回到叶片上。它先在叶片底部停留片刻，小幅度地爬动，并对四周巡逻了一番，确认安全之后就开始行动，从叶片底部爬到上部，再绕到叶片的凹陷部，回到它刚才待的地方，最终安顿下来。就让它静静待在那里吧，我们也不再打扰。

我对这只长得像蚂蚁但又能吐丝的小生物感到好奇，想知道它到底是谁，但一直忙于杂事无暇细究。直到几天之后，我把当时的录像给儿子看，几乎只看了一眼他就肯定地说："这是蚁蛛，它的前一对足模拟成蚂蚁的触角，混入蚂蚁群中捕食蚂蚁，就像披着羊皮的狼。"

夜晚在叶片上发现的蚁蛛

原来如此！这就是为什么我觉得它看着像蚂蚁却会吐丝的原因。好奇心驱使我去查了资料：蚁蛛为蛛形纲、蜘蛛目、跳蛛科、蚁蛛属物种。其外形似蚂蚁，头部与胸部之间有紧缢，腹柄清晰可见，眼区几乎呈正方形。蚁蛛有八条腿，仔细看很容易发现。蚁蛛的前一对足模拟成蚂蚁的触角，但又比触角粗很多，仔细观察蚁蛛的头部便可以看见和蚂蚁明显的区别。另

外蚁蛛会跳会吐丝。蚁蛛有时候会模仿蚂蚁把第一对步足举起，但是总会有放下来的时候，所以蚁蛛和蚂蚁的运动模式也有些不同。自然界太神奇了。

我的专属花苞，这是你的第二位访客，今夜你们互相陪伴，希望一夜安好！

2022-03-13　8 ～ 20℃ 晴 空气良

今天一早，我打算去看看蚁蛛是否依旧安全地躲在里面，没想到却看到意料之外的一幕。

首先映入我眼帘的是一只体型比昨晚的黑色蚁蛛大很多倍的蜘蛛，趴在昨晚小虫子待过的地方，它浑身的颜色和玉兰苞片的黄褐色属于同一色系。昨晚还是半开闭的叶片现在已经完全舒展开来，两侧的叶缘微微往下卷缩，以至于这个家伙完整清晰地暴露在我的眼前。我的第一反应是难道蚁蛛蜕变了？再仔细一看，这只蜘蛛的前腿正抱着一只啃了一半的虫子，而那只被当成美食的虫子正是昨晚我们看到的伪装成蚂蚁的蚁蛛！蚁蛛估计做梦也没有想到，自以为找到了一个安全的躲避场所，却还是被发现并被无情地猎杀。由此看来，不同的蜘蛛之间也会互相捕食，但这就是自然法则下的弱肉强食，无所谓好坏。

感叹一番之后，我开始细看花苞这一夜的变化。我看到蚁蛛待过的这张叶片已经完全展开了，我还看到昨天还不愿离开的芽鳞现在已经完全退缩到了一边。而在这个芽鳞里面，还暗藏着玄机，只见一个毛茸茸的、细长的嫩芽露出一半身子，正探头探脑地看着这个奇妙的世界。昨天颜色已经变得有点黄褐色的第一层苞片，现在看上去也已经呈焦黄色了，变得更加皱巴，也有一部分已经脱离花柄。而昨天还将花苞完整包裹住的最内层的苞片，现在再也阻止不了花苞那含苞待放的少女心了，那深紫色带着光泽的花瓣已经露出它迷人的脸庞。目前，我只能窥见两个包叠在一起的花瓣。把镜头拉远一些，可以看到花苞左上方我定点观察的叶芽芽苞。它基本还没有大的变化，只不过颜色变得有点黄绿色，整体也胖了一些。

下午再去看我的花苞时，我发现它左侧的芽鳞终于完成了自己的使命，已经完全脱落，里面长 4 ～ 5 厘米的叶芽完整地呈现在我的眼前。叶芽的外面还裹着一层芽鳞，而花苞也即将挣脱最后一层苞片的包裹，呼之欲出。

被猎杀的蚁蛛　　　　　　　　即将完整呈现的花苞

通过前面持续不断的观察，我发现玉兰花在第一层苞片打开到第二层苞片打开的过程中，花苞的个头和体型在不断长大，花柄也在不断变长。花柄的直径大大超过花枝，呈膨大的状态，只有这样才足以支撑即将开放的硕大的花朵。

虽然小友枝顶的玉兰花在陆续绽放，但我却情有独钟，专等我的那一朵。玉兰花苞的打开过程给我带来太多的惊喜，而那排无患子构成的美景也从未让我失望。美好的一天即将结束，我踏着夕阳，沐浴着晚霞，再看一次无患子，然后心满意足地回家。

2022-03-14　11 ～ 27℃ 小雨 中度污染

今早的紫色花苞和昨晚看到的差不多，只是最后一层苞片的颜色变得更深，从侧面看苞片上的褶皱也越发明显，就像是嘴角下拉的侧颜，满脸的不高兴。

令我惊喜的是，边上一直少有动静的叶芽今天也终于挣脱了芽鳞外套的束缚，它的芽鳞从我观察的前侧竖向裂开，里面青翠欲滴、嫩嫩的叶片探出了头。这个鳞片里面除了包裹着这一片叶子，似乎还包裹着另一个芽苞。到了晚上我再去看它的时候，发现它右侧的叶片比起早上已经长大不少，而它的左侧果然还包裹着另一个圆柱状的芽苞。这个新发现令我感到兴奋，我决定明天继续观察。

为了更加明显地看到叶芽在整个过程中的变化，我将它 3 个不同时期的状态放在一起进行比较。左图是我在观察的第三天，也就是 1 月 10 日拍摄的叶芽。从整体形态上来说，这个阶段的叶芽也和花芽一样，外面包裹着厚厚的"羽绒服"，颜色呈黄白色，带少许光泽。芽鳞外套上密被茸毛，这些茸毛在芽顶上形成一个小旋涡，"发型"有点可爱。将它与叶芽衔接的第一节茎相比，此时叶芽的高度不到茎的二分之一。在叶芽的右侧还有一个小芽苞。

　　中图是昨天（3月13日）拍摄的叶芽，将它与左图的叶芽相比，可以看出，它整体长高了两倍，几乎超过了第一节茎的长度。这时它的体型有点圆润，虽然没有更换"羽绒服"，但是这件"外套"明显变薄了不少，而且上面长长的茸毛也已不见了踪影，转而变成天鹅绒质感的"卫衣"，颜色也变成了黄绿色，依旧还是有少许泛白。

　　右图是今早拍摄的照片，此时的芽鳞破裂，里面的叶芽探出了脑袋。在此之前，在我的潜意识里一直以为一个叶芽里面只有一片叶子。但就眼前所见，却并不是这么回事。至少到目前我可以判断，一个叶芽里面包裹的至少有两片叶子。当芽鳞开裂的时候，被它包裹的第一片叶子是完整的，已经具备了叶子完整的形态，而环着这第一片叶子的叶柄部位的痕迹就应该是芽鳞痕。第二片叶子似乎依旧被一层薄薄的苞片包裹着，我现在只看到一个小小的绿色圆柱状的芽苞。虽然第一片叶子还是刚刚出生的嫩叶宝宝，但它已经开始充当保护者环抱着第二个小芽苞了。从1月10日到3月13日，叶芽右侧底部的小芽，一直没有变化。

3个不同时期的叶芽对比

　　晚上回家前，我再次前去查看我的定点花苞。我想量一下此时花苞的长

度，却发现没有带尺子，伸手从口袋里摸出黄色自动铅笔比了一下，紫色花苞似乎又长大了。我发现此时的苞片干巴得厉害，变成纸片一般薄，而昨天还裹着一层芽鳞或者说是托叶的叶芽，经过两天一夜之后，现在已经完全打开了，在打开的托叶里可以清晰观察到一片新叶以及被这片新叶包裹的另一个芽苞。这个芽苞和最初的那个叶芽一样，被芽鳞包裹着的内部的第一片叶子是完整的，而这片新叶的里面又包裹着另一片或者说另一组叶芽。这个包在第二片或第二组叶芽外面的结构应该就是托叶了。

用自动铅笔测量花苞长度

回想 2 月 16 日大家在讨论托叶痕和芽鳞痕的问题时，我总是搞不清楚哪个是托叶痕。我记得白一苇老师当时在群里说了一句话："没关系，等新枝叶长出来，观察过托叶后就明白了。"通过这段时间的观察，我现在终于有点明白了。不过，新的疑问又产生了。即这个被包裹在花苞里，位于花苞左侧的叶芽，它外面的第一层包裹应称作芽鳞还是托叶？哪个名称更合适？有很多疑问等待我在进一步的观察中得到解答。

我看到此时右侧的大拇指叶芽还是和昨天差不多。我将眼光从小友身上收回，开始环顾四周。我发现泡桐树顶的花朵陆续开放了，我还发现枫杨和朴树的绿芽更加明显了。我看到小友的紫红和深山含笑的白以及深深浅浅的绿，这些丰富的颜色组成了春天明媚热闹的画面。而此时臭椿的枝芽还是光秃秃的，无患子树隔壁的二乔玉兰开得正旺。

看花的每一天都很精彩，我的人生因植物们而变得更加完整、饱满。谢谢你们，我静默的朋友们。

2022-03-15　12 ～ 26℃ 晴 空气优

这几天，我看到小友中上部的花儿都迫不及待地盛开了，一朵朵紫色的花儿争先恐后地打开它们的花被片，沐浴在阳光下。它们有的含苞待放，有的完全舒展开来，美极了，就像是一群穿着紫色衣裙的仙子在翩翩起舞，令人目不暇接。位于较矮位置的我的定点花苞也已蓄势待发。

经过一天一夜的生长，现在我可以清楚地看见叶芽左侧包裹着第一片叶子的结构是托叶而不是芽鳞了，此后每长出一片新叶都会由一层薄薄的托叶包裹着。经过一定的时间，托叶会裂成两半，最后脱落，脱落的托叶会在叶片的叶柄与枝条衔接处留下一圈环状的托叶痕。右下侧的那个叶芽依旧没有出来，包裹在这个叶芽最外层的结构应该是芽鳞。

2022-03-16　16 ～ 29℃ 多云 空气良

值得纪念的一天，我的专属花苞开放了。

天气预报说明日起将会断崖式降温，多地气温降幅接近10℃。气温跳水式的下降，会不会影响我的定点花苞的正常开放呢？

早上去拜访小友的时候，我测量了定点花苞的尺寸，它的整体高度达到8厘米，比一开始的个头足足增大了两倍之多。它那紫色透着光泽的花瓣扭转着身体，一片包裹着另一片，花瓣内部深紫色的纹理和脉络清晰可见。花苞的第一层苞片虽然整片都脱离了花柄，但依旧牢牢地附着在叶子上，久久不愿离去。第二层苞片因失水皱缩变成褐色，此时它还裹在花苞的左下侧。这时，花苞左侧叶芽里，第二片包着托叶的叶子已清晰可见。

我顺便看了定点花苞左上方的那些花苞，它们有很多已经完全开放。眼前离我最近的这朵花苞已经含苞待放，令人赏心悦目。我发现在这个花骨朵的尖顶上似乎趴着一只黑色的小虫子。拉近镜头，我看到这个小家伙露出两条黑色的触须，在微微颤动着。它霸气地与我对视，似乎我的到访打扰了它的计划。此时它又在想什么？它是否在想怎样才能进入花心去吃诱人的花蜜？当我俯瞰的时候，才看清了它完整的模样，应该是某种甲虫。它浑身漆黑，甲壳油光发亮，玉兰的树枝、花及周边的景色倒映在它身上，别有一番趣味。它一定知道我在

盯着它看，开始变得有点不自在起来。只见它将甲壳里薄薄的、透明的翅膀伸展开来，做好危险来了就立马展翅飞走的准备。

结束和甲虫的对视，我转向我的定点叶芽，来看看它这两天有什么变化。现在我可以清楚地看见它的第一张叶片已经逐渐舒展开来，叶片上的羽状叶脉清晰可见。叶片边缘带着细细的茸毛，就像刚出生的婴儿还带着柔柔的胎毛一般。叶片外鹅黄色的芽鳞此时已裂成一个"Y"字形，像一件小斗篷似的守护着嫩叶。这时的叶子再也不留恋芽鳞温暖的包裹，它们挣开束缚，舒展身体，拥抱清风，吸收雨露，一刻不停歇地肆意生长。

下午 3 点学院开会，我于 2 点 50 分起身下楼。远远地，我看见我的定点花苞已经打开了！眼前的情景虽然早就在预料之中，但当我真正看到这一幕的时候，我的心还是像被击中了一般，瞬间激烈地跳动起来。这时刚好是下午第二节课下课的时间，很多学生或背着包或夹着书、或独自一人或三五成群地从教学楼里走出来。他们从我身边走过，初春午后的阳光，照在这些年轻、充满朝气的学生的身上和脸上，也照在我那美丽的小友身上。我强忍着不让自己喜形于色，尽量调整好自己的呼吸和步伐，让自己看上去正常一些。但我还是不自觉地加快脚步，朝着我的定点花苞奔去。

我的心情十分激动。守护了一个冬天的花芽，今天终于让我等到了绽放。我的专属花苞，它似乎专门为我而准备。它长在幽静的校园内，位于花坛中，接近它需要跨过一大片麦冬，几乎没人靠近，更重要的是，它的花枝位于我的视平线之下，这使我可以毫不费力、360 度无死角地对它进行深入细致的观察。所有的这些，给了我得天独厚的条件，只要我不懒惰、不懈怠，就不会错过小友的每一个精彩瞬间。

我走近定点花苞细细端详，只见它犹抱琵琶半遮面，虽然绽放了，但又未完全展开，就像是一个深待闺阁的大家闺秀，似乎还有那么一点含蓄、矜持。它不热烈，却清新脱俗，且温柔中透着一股霸气。近距离多角度观赏专属花苞，它犹如荷花一般圣洁、庄严、美丽，令人目不暂舍。硕大的花苞，由 9 个椭圆形的花瓣组成，每一片花瓣的轮廓线都显得非常流畅顺滑，几乎完美无瑕。花瓣的外侧面呈粉紫色，最内轮的 3 个花瓣相比外轮花瓣个头稍小一些，颜色也更深一些。花瓣上与其融为一体的脉络和纹理就像写意山水画那般使得花朵显得更加灵动。花瓣的内侧面几乎纯白，与外侧面形成明暗的反差，给人带来一种强烈的视觉冲击力。花朵整体形态显得娇而不媚，柔中带刚。赞它有盛世美颜，毫不为过。小乔（我给定点花苞起的名字）展开之后的花朵长达 12 厘米，比一个成年人的手掌还要大，我也终于明白为什么玉兰的花柄又短又粗了。

以小乔为焦点的盛世美颜

美丽的花瓣吸引了爱慕者的到访，一只身形纤细的稻缘蝽静静地趴在其中的一片花瓣上。它在想什么？它从哪里来？为什么会出现在这里？根据网上资料描述可知稻缘蝽以禾本科植物的穗部为食，我之前在牛膝的叶子上也发现过很多稻缘蝽。既然它们的食物主要是水稻，在城市里它们又以什么为食？难道是它闻到了玉兰花淡雅的清香，想来采蜜吗？又或者是它在寻找回去的路？如果一时找不到答案，那么就不要着急，先来欣赏玉兰最美的这一刻吧。

当玉兰花半开半放时，要想将它的雄蕊和雌蕊看得明明白白不是一件容易的事情。俯看的时候，可以将雄蕊和雌蕊看个大概。我把枝条压得更低一些，从半打开的花瓣中看到了雄蕊群里三层外三层地将雌蕊围在中心，像众星捧月一般。

再靠近一点，我终于比较清晰地捕捉到我的定点花苞的雌蕊和雄蕊的模样。在被花瓣围成的花心里面，弥漫着粉红色的浪漫气息，那微屈着身体合抱着雌蕊的雄蕊群还是少年鲜嫩饱满的姿态，而位于中心的雌蕊群就像傲娇的少女般张开裙摆翩翩起舞。晓青老师在之前的记录中曾经对玉兰雌蕊和雄蕊有过详细的描述，由此可知，玉兰属植物为了避免自交产生不利于种族进化的后代，它们想了一个办法：在花朵绽放之后，让雌蕊先发育，接收外

来的花粉；一天后，雌蕊发育完成后合拢并制造浓烈的香气，这时雄蕊成熟开裂，吸引大量虫媒上门采粉。这是我第一次如此深入地了解到原来玉兰的雌蕊和雄蕊是错时成熟，也就是"雌雄异熟"的。显而易见，我的专属花苞也熟知它们的"雌雄异熟"方法，因为我已观察到它那成熟打开的雌蕊现在已进入了玉兰花的雌性状态。继续观察，我期待着看到它雄蕊打开的模样。

在千百年的进化之中，植物不能说话不能动，但却在地球上生生不息，比任何物种存在和持续的时间都要久远。如果不去探究，我们根本不会发现其实植物也有无尽的小心思，但它们拥有小心思和大智慧的理由简单而纯粹，那就是使自己的种群顺利地繁衍下去，这就是植物简单朴素的生存之道。

我没有喝酒，但我感觉我醉了，被我的专属花苞的盛世美颜所陶醉。如果不是赶着要去开会，我一定要和它厮守一下午。

晚上回家前我再次前去查看叶芽，发现上午还被托叶包裹着的第二片圆柱状的叶芽有了变化：此时它的托叶已经裂开。从正面去观察它时，可见新叶还在托叶内部的时候会以中脉为中线折叠起来，被外面的托叶包裹着，而同时在它的内部又包裹着另一片带着托叶的叶片，就像俄罗斯套娃那样，一个叶芽包着另一个叶芽。至于究竟一个叶芽的芽鳞当中包裹着多少片叶子，则需要这支叶枝发育定型之后才会有答案。如果没有持续的定点观察，我一定没有机会亲历这个有趣的现象和新奇的发现。神奇的时刻即将到来。

2022-03-17　8～23℃ 小雨 空气优

我的小友是睿智的，赶在气温骤变的前一天，整树绽放，美到极致。今年的小友因我对它每天多遍的关注和查看，从我的专属花苞到枝顶的花苞，目光所及，每一朵都美好得令人移不开眼，从来没有开得如此惊艳。

昨夜下了雨，经过一夜冷风冷雨的摧残，我担心小友会不会已经花落满地了。到了办公室楼下，一停好车，我就迫不及待地看向它。还好！虽然麦冬上也零零星星地躺着一些或紫或白的花被片，花儿也因为雨水的压迫有点倾斜着身体，耷拉着脑袋，不再如阳光灿烂的时候那么光彩夺目，但总体来说它们没有我想象的那么弱不禁风，毕竟它们可是从去年夏天就开始酝酿，经历了风霜雨雪的暴虐的。

冒着细雨，我蹚过麦冬，走向我的专属花苞。细看，只见花被片上挂满了晶莹剔透的水珠，昨天大方明朗绽放的花朵，此时又像一位害羞的小女孩一般，除了一片花瓣像一个水瓢一般盛了些雨水没来得及合上，其余的花瓣基本上又重新闭合了，似乎回到了昨天上午含苞待放的状态。

　　我看到这朵花的一片花瓣已经掉落，打开一个口子，从这里刚好可以窥见雌蕊和雄蕊的大部分面貌。此时，正是雄蕊的成熟期。通过肉眼就可以清楚观察到整个雄蕊群原本微屈着身体抱成一团，但现在它们那温文尔雅的模样早已不见了，更像是一群活力四射、炸开了毛的小朋友。几乎每一条雄蕊上长长的花药都从两侧竖向裂开，里面黄色的细密花粉四处散落开来，就像它们在狂欢的时候抛撒的粉末，使得每个人身上、脸上全都被沾满了。虽然它们既不说话也不动，但我能明显感受到花心此刻正在满溢的一股股躁动。此时的雌蕊群倒像是一位矜持的少女，安安静静地立于这群开心到"飞起"的雄蕊群中，默默地注视着雄蕊。

　　隔壁的另一朵玉兰则显得更加友好，它的花瓣全部脱落了，整个花心完整地呈现在我的眼前。《中国植物志》中描述："玉兰的雄蕊长 7～12 毫米，花药长 6～7 毫米，侧向开裂；药隔宽约 5 毫米，顶端伸出呈短尖头。"对于"药隔"的意思，我猜想它是指花药开裂之后的宽度。我在网上查阅资料后，在对花药的描述中找到了对"药隔"的定义：每一个花药通常由 4 个或 2 个花粉囊组成，左右对称分开，中间以"药隔"相连。花粉囊内产生许多花粉粒。花粉成熟后，花粉囊裂开，花粉粒散出。

玉兰雄蕊结构标注图

　　根据理解，我对之前解剖的未成熟的玉兰雄蕊进行了手绘记录，并试着对各部分进行了标注。对于"药隔"，我发现在未成熟的雄蕊上它并不是很明显，而当花粉成熟散开之后，就可以很容易被观察到。《中国植物志》对于玉兰的雌蕊群描述如下："淡绿色，无毛，圆柱形，长 2 ～ 2.5 厘米；雌蕊狭卵形，长 3 ～ 4 毫米，具长 4 毫米的锥尖花柱。"我想起之前解剖的那朵二乔玉兰花里面未成熟的雌蕊群确实呈现出一抹淡绿的颜色，还夹杂着淡淡的紫色。等到后来那株二乔玉兰开花的时候我也拍到过一次它的雌蕊群，大体依旧是呈淡绿色的。而我观察到小友的雌蕊群从一开始就呈粉紫色，因此，这两株玉兰虽然同为二乔玉兰，但在很多特征上也存在着较大的差异。

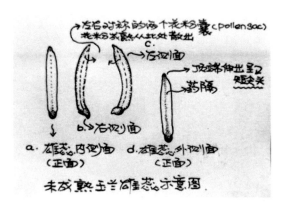

未成熟玉兰雄蕊示意图

　　植物世界的精彩和秘密或许永远也挖不完，有太多需要我去求证的疑问和不解。那就慢慢去看，一次、两次……无数次。

2022-03-18　8 ～ 15℃ 阴 空气良

微信朋友圈里坐标北京的小伙伴晒起了雪景，南北差异之大令人诧异。
温度断崖式下降，我从短袖直接换成了羽绒服。
今天，我上了一整天的课。

2022-03-19　8 ～ 18℃ 阴 空气良

天气预报华北东北降雪持续，部分地区大到暴雪。

晚上壹木自然读书会群里进行了现阶段"观察一棵树"的活动分享。我的收获颇丰。

第六章
雨水丰，昼季平分、寒温各半之春分

春分

唐·刘长卿

日月阳阴两均天，玄鸟不辞桃花寒。

从来今日竖鸡子，川上良人放纸鸢。

　　春分，春季的第四个节气。古时又称"日中""日夜分""仲春之月""升分"等。

　　春分在天文学上意义重大，代表南北半球昼夜平分。春分这天，太阳直射地球赤道，昼夜等长。自春分以后太阳直射位置继续由赤道向北半球推移，北半球各地白昼开始长于黑夜。

　　春分时节天气暖和、雨水充沛、阳光明媚。

　　春分有三候："一候元鸟至，二候雷乃发生，三候始电。"说的是此时节一候时元鸟（燕子）来了；二候时大气中的云体之间、云地之间正负电

荷互相摩擦产生高温，使大气急剧膨胀，产生震耳欲聋的巨响；三候开始见到闪电。

春分节气的花信风：一候海棠，二候梨花，三候木兰。

赶在惊蛰暂放的玉兰花，进入繁花似锦的短暂花期，叶芽日夜生长，初步定型。

臭椿醒来冒出点点嫩芽，朴树枝头悄悄挂满小果子，鸡爪槭嫩叶密密匝匝。

2022-03-20 8 ～ 11℃ 小雨 空气良 春分

今日春分。春分节气照中，小友繁花似锦、芳华正茂，深山含笑的菁葵果也已成型。

小友春分节气照

2022-03-21 至 2022-03-23 8 ～ 10 ℃ 阴 空气优

3 月 21 日，我的玉兰开花了。

3 月 22 日，今天一整天我都在工作室画画。

3 月 23 日，冷空气开始频繁出没，华北再迎雨雪。

自从我的定点花苞在第一天绽放，我隐约看到了它的部分雌蕊和雄蕊之后，随着第二天降温带来的大风、雨水，使得它重新闭合，我便再也没有见它打开过。经过三四天的光景，小友的叶子越长越大，我的定点花苞的表面经过风雨的洗礼，也由原先的鲜嫩欲滴到局部慢慢开始出现锈斑。

我的定点花苞的花被片经过将近一周雨水的浸泡，花瓣上的锈色越发严重，但它们还是倔强地保护着花蕊群，使雄蕊和雌蕊们从头到尾未受到风雨的侵蚀。它们现在是什么样子了？因为花苞一直呈闭合状态，所以我对其他结构再次进行深入观察。花坛里面湿漉漉的，麦冬身上的雨水很快把我的裤管浸湿了，虽然穿着棉鞋棉裤，但是没过一会儿我就感觉整个脚面及小腿都开始变得冷飕飕的。

花瓣渐呈锈色的花苞

我把对小友到目前为止的观察进行了梳理，可以确定的是，一个花芽的外面包裹着6层芽鳞。在1月8日我开始对它进行观察之前，花苞就有3层芽鳞已经先行脱落，而它的第四层芽鳞会一直包裹着直到整个花芽绽放。在这个过程中，第四层芽鳞会随着花苞的膨大而慢慢膨大，芽鳞外部覆盖的茸毛也因花苞的膨大变得越来越稀疏，等到花苞将要开放的时候，就可以清晰地看见这层芽鳞上被撑开后的犹如人体血管一样的脉络。当花苞膨大到芽鳞再也盛不下它的时候，这个芽鳞就被撑破并开始慢慢退缩到一边，最后皱缩脱落。这个过程会持续两个多月。在第四层芽鳞打开之后，花苞外面还有两层稍薄一点的芽鳞，它们就像是花苞片一般，看上去比较薄，我觉得应该是被不断生长的花苞撑大的原因。这两层芽鳞会随着花芽的长大而长大，直到最后整个花芽继续膨大挣脱苞片的束缚，它们才停止生长，如同第四层芽鳞一般裂开退到一边皱缩掉落。这个过程大概会持续一周。

而花芽个头的变化也是显而易见的，它从最初高约4厘米变成绽放时的8厘米左右，整整长高到两倍，体型也由瘦弱转为圆润。通过细致的观察，我还发现当花苞外的第四层芽鳞打开之后，花苞的花柄也会随着时间的推移增长2厘米左右，之后就不再生长。这长长的花柄会随着花的脱落一起脱落，那最后两个芽鳞在这段花柄上留下的环状痕迹也就随着花柄一起离去，而我们在花脱落之后的枝条上最终就只能观察到4个芽鳞痕。如果想看到第五和第六个芽鳞痕就一定要在花朵还在枝头时进行观察。

辨别芽鳞痕

玉兰花的花期从 3 月 16 日开始到 3 月 23 日结束，持续了整整一个礼拜。这次碰到了绽放之后就开始下雨的情况，我想如果不下雨，它的花期是不是会更长一些？我接着又对花苞里面左侧的侧芽及去年和前年花脱落的痕迹，进行了仔细观察，可以推断出这个侧芽是一个侧枝。这个结果与之前的推测就对应上了，即花脱落后，左右侧枝生长的可能性：一是发育成能开花的花枝，二是发育成叶枝。

一个又一个的疑问随着时间的推移与观察的深入被一一解决，就像破案一般曲折而又精彩。

2022-03-24　10 ～ 21℃ 多云 空气优

今天大风黄色预警。因为确定小友是二乔玉兰，所以我给定点花苞取名为"小乔"。关于二乔玉兰名字的故事，有很多版本，大部分包含以下两点：一是与玉兰开花时花的形态有关；二是玉兰盛放时的形态令人联想到三国时期东吴乔公的两位倾城之女——大乔、小乔，故名"二乔玉兰"。我给定点花苞取名为小乔，是因为我感觉姐姐大乔更加成熟稳重，而妹妹小乔更加娇弱灵动，与我的定点花苞的气质更为符合。到了快开败的时候才给它取名字，实在惭愧。那么，明年的定点花苞，我还依然叫它小乔吧！此时小乔的花瓣大部分已经变成锈色，只剩下底部还露出一点点粉紫色。

小乔的叶芽也已基本定型。常规的叶芽，一般前后会长 4～6 片叶子。叶芽的最外层是芽鳞，里面的叶子陆陆续续长出来，一片包着一片，每一片新叶都由一个对生的托叶包裹着，直到今天，我看见最后一片叶子的托叶还在。位于花芽第四层芽鳞右侧的那个小叶芽，长成叶片的速度相较第四层芽鳞内部的叶子要慢很多。

再来看看同时期小友的邻居们。这时的臭椿开始冒出了一点点嫩芽，它是附近出芽最慢的一个树种。鸡爪槭的嫩叶已经长得密密匝匝，它的花也已开过，离长出带翅膀的种子应该也不远了。朴树上已经挂满了圆形的小果子。深山含笑的花期最早也最长，一直陆陆续续在开花，直到小友基本开败的今天，深山含笑的枝头依旧有零零散散的几朵白花在盛放。水杉也发芽了，很漂亮。

下午，我约了友彭一起去河西的水杉林看夏天无和地丁。一直喜爱植物的她深受我的感染，经常跟随我一起去看植物。今天，我们讨论起如何将她不到两岁的闺女与植物结合进行绘画创作。我想起在植物科学画课程上，思华老师提到可以以"昆虫的视角"去看这个世界和植物，那么是否也可以考虑将小朋友缩小，把她放在植物丛中？这样，周边的花花草草就变成了森林，昆虫也变成了庞然大物，想必这一定是一种全新的体验。

在细致观察的基础之上，将植物与生活及各类艺术创作进行深度结合，是值得深入探究与实践的一件事。

2022-03-25　14～23℃ 阴 空气优

昨天太阳露了一次脸之后，今天天气预报发布了地质灾害气象风险黄色预警，又开始下雨，天气潮湿得似乎能拧出水来。

早上去工作室前冒雨去看小友，还未走到跟前，我就远远地看见雨水正从臭椿那粗大斑驳的树干上汩汩流下，就像树顶上有人在源源不断地朝树干灌水一般。这些从上而下的雨水，不急不躁地抚摸过臭椿那粗糙的表皮，用尽全力地想渗透到树皮的底层。它们所过之处，在臭椿表皮上留下了天然的形状和纹理，形成一幅美妙绝伦的画，令人惊叹。不可否认，大自然本身就是伟大的艺术家。此时小友的叶子正慢慢丰满起来。

下午上景观设计学课程，我带着学生们去看植物，我们与泡桐树上正在

摘花的松鼠不期而遇。只见松鼠从这个枝头跳到那个枝头，身轻如燕，如履平地。最后它选了一支细细的枝条，弯着它那蓬松的尾巴优雅地蹲坐在上面，稳如泰山，悠闲自在，并开始享用花蜜。从下往上看，泡桐花簇形成风车型的剪影，与松鼠的剪影形成一幅自然和谐的画面。而我们担心的却是它会不会掉下来，或许是杞人忧天了。

2022-03-26　11 ～ 18℃ 多云 空气优

今天大风黄色预警，我终于揭开小乔的掩护，窥见了它雄蕊群和雌蕊群的庐山真面目。

从正面去看小乔，它的花苞片因为长时间的下雨已经被浸泡得烂乎乎的了。从背面看，小乔摇身一变，成了头顶棕色披风的大侠，在它的右下部，有一簇雄蕊若隐若现。小乔的花瓣软绵绵地坍塌在雄蕊群和雌蕊群上，紧紧地将它们包裹在里面，这时的它已经无法再保护雄蕊群和雌蕊群了。我担心这些花瓣会不会包裹得太过紧密，以至于里面的雄蕊和雌蕊没办法进行正常的呼吸。为了一探究竟，对小乔进行了最后的记录之后，在强烈好奇心的驱使下，我小心翼翼地将手伸向它，在我还没触碰时，一整团花苞片就齐齐地脱落下来。

这时，小乔的雌蕊群和雄蕊群终于完整地呈现在我的眼前。雌蕊在完成接收外来花粉的使命之后，此时早已合拢。雄蕊也已成熟开裂，按正常的程序，这时本应是雌蕊释放浓郁香气吸引大量虫媒上门采粉的阶段，但由于阴雨连绵，花瓣一直包裹着雄蕊群和雌蕊群，使得这个过程进行得并不理想。当我把花瓣从它们身上移走时，发现有几枚雄蕊身上已经有一些白色的发霉的迹象。此时我清楚地观察到了膨大的花梗和花托。花托上内外两轮花被片着生的痕迹也清晰可见，外轮花被片 3 片，留下的痕迹呈首尾相连的 3 个较大的五边形；内轮花被片 6 片，留下的痕迹呈半圆拱门状。数量众多的雄蕊群着生在花托上，部分雄蕊脱落之后留下排布规律的圆形小脱痕。

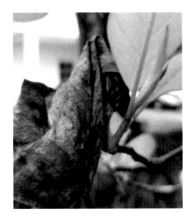

花瓣护住了整个花心

小乔的雌蕊和雄蕊

关于玉兰"雌雄异熟"的习性，我在3月17日的记录中已经有过详细的描述，此处不再赘述。但一直令我感到疑惑的是，蜜蜂等虫媒是否有固定的采蜜对象？比如它们是否只针对某一种花朵进行采蜜？但显而易见的是，昆虫们不会只盯着一个物种进行采蜜，因此，一只蜜蜂的身上就可能会粘有油菜花的花粉、二月兰的花粉、天目地黄的花粉，或者同一花期各种植物的花粉。那这些花粉经过混合之后，雌蕊在接受花粉的时候是如何区分哪些是自家雄蕊的花粉的呢？通过上网查阅资料，我了解到植物的花粉有一个比较重要的结构，即花粉管。花粉管是花粉内壁突出形成的，它是花粉的结构延伸。沿花粉管进入的是花粉内部的精子。柱头上的黏液是一些脂质和蛋白，这些脂质与蛋白对于引导花粉管生长很重要。一般只有同种的花粉与同种柱头接触后才会萌发花粉管，非同种一般不会萌发，而是慢慢坏死。原来如此！

植物的智慧真的无处不在。

2022-03-27　9 ～ 17℃ 阴 空气良

工作室楼下这片植被丰富的小花园，现在就是松鼠的乐园。各种花芽争先恐后地盛放，嫩绿的叶芽一刻不停地生长，或许一夜不见，就已将光秃秃、寂寞的冬枝装扮得娇嫩无比。春天的大自然正在默不作声、热烈地呈现着它那无穷的生命力。松鼠有了树叶的庇护，比以往更加悠闲自在地从这棵树上跳到那棵树上，觅食逗留一番，然后又急速地窜向隔壁的泡桐树，它们在这些树织出的网上来去自如。

嫩叶装扮的朴树，深深浅浅的绿，是我每天必看的风景。枫杨细细长长的柔荑花序就像流苏一般挂在枝头，在风中微微摇摆。

泡桐花正开得热烈。上周六我带着学生观察植物的时候，在地上捡到一朵掉落的泡桐花，它的雄蕊、雌蕊保持完整。这种情况一般不是花朵成熟之后的自然脱落，大概率就是被鸟儿或松鼠啃食而造成的。如果是自然成熟之后掉落的泡桐花，都只会剩下 4 枚雄蕊，而雌蕊则会留在树上孕育果实。不用凑近，就可以闻到泡桐花发出的浓烈的香味。用手触摸泡桐花，可以感受到像灯芯草那种绵绵的质感，它的花瓣外表面呈渐变的紫色，内部则呈黄白色，上面分布着很多紫色的斑点，这些斑点形成特定的纹理，吸引着昆虫前来采蜜。泡桐花的花形很有意思，呈钟形或漏斗形，从侧面看为扁状，也有点像喇叭状。它上面的花瓣也叫上唇，稍短，呈 2 裂，有点反卷，下唇 3 裂，直伸或微卷；花瓣的边缘可以看见细微的绒毛。花冠的内部有 4 枚雄蕊，2 长 2 短，属于二强雄蕊，着生于花冠筒的基部；1 枚雌蕊，花柱非常细长。

大鸟老师说他尝过泡桐的花蜜，挺甜的。松鼠最会享受了，所以经常可以看见它们悠闲地坐在泡桐树的枝头吸食花蜜。

2022-03-28 至 2022-04-01　7 ～ 14℃ 阴 空气优

这几天，我把这段时间对植物的观察进行了梳理、对比和记录。

3 月 29 日，定点观察叶芽和小乔的变化。此时叶芽部分的托叶结构较为清晰，小乔左右两侧的叶子长势喜人。

定点叶芽现状　　　　　小乔和它左右两边的叶枝

3月30日，除了臭椿外，小友和朴树一日比一日茂盛，鸡爪槭舒展的树形如同瀑布一般，也早已亭亭如盖。此时小乔雌蕊的上半部相比昨天变得干巴尖锐，雄蕊也越来越皱缩，陆续脱落。

4月1日，叶芽继续生长。小乔雌蕊头部干巴的部分快脱落完了，只剩下寥寥无几的小卷曲。雄蕊也差不多掉完了，花托上的痕迹清晰可见。

精彩纷呈的春分就要结束了。

第七章
风明净，气清景明、万物皆显之清明

清明

唐·杜牧

清明时节雨纷纷，路上行人欲断魂。

借问酒家何处有？牧童遥指杏花村。

清明，二十四节气中的第五个节气。

清明是表征物候的节气，有天气晴朗、草木繁茂的意思。清明时节，气温转暖，万物欣欣向荣。

"清明"兼具自然与人文两大内涵，既是自然节气点，也是传统节日。

中国古代将清明分为三候："一候桐始华，二候田鼠化为鹌，三候虹始见。"说的是一候泡桐开始开花；二候田鼠因阳气渐盛而躲回洞里，喜爱阳气的鹌鸟开始出来活动；因为清明时节多雨的特点，三候时经常能看到彩虹挂在天空。

清明时节花信风：一候桐花，二候麦花，三候柳花。

　　我持续观察花苞和芽苞生长，发现花苞里附带着叶子，叶芽孕育了一段枝条。

　　校园里的绿深深浅浅，夹杂着香樟旧装上的几点红，构树柔荑花序挂满枝头。

2022-04-05 13～26℃ 晴 空气良 清明

清明，天气晴朗、草木繁茂。

用小乔初具形态的蓇葖果和新长出的嫩绿叶子做清明节气照，再合适不过。

小乔清明节气照

今天来说说构树。

在府山公园东门口有一条正对着越王殿的老街。老街的入口处有一座牌坊，经过牌坊向北走十几米，有一棵构树，长在街边的围墙内。它是一株雄树，现在正是花期。只见它那显眼的毛毛虫般的柔荑花序挂满了枝头，显得很是张扬。其实构树雄花短暂的一生从未想过要"安分守己"。每当3月底4月初的时候，构树光秃秃的树枝上便开始挂起一条条圆柱状的下垂花序，它们每天都有新的变化。某一日，你可能会发现这种浑身挂满密密麻麻毛虫般的树时不时会从它的身上冒出一股似有若无的白烟，犹如人在吞云吐雾地抽烟，这是构树的雄花在传粉。构树的雄花在传粉时会将它的花粉像烟雾一样喷射而出，看上去就像从树身上冒出一股股的白烟一样。我曾经在学校东门口那株构树的柔荑花序上观察到过这个有趣的现象。当雄花完成了传粉使命后，就会陆陆续续地从树上掉落下来。如果这个时期你的爱车不巧刚好停在一棵雄性构树下面，到了第二天，有可能会被覆盖上一层密密麻麻的毛毛虫，令人一眼难忘。

　　头状雌花序　　　　　　柔荑状雄花序　　　　切开的未成熟雌花序

　　构树幼树奇形怪状的叶子曾令我困惑了很长时间，我在很长一段时间里，认为构树幼树和成树是两个不同的植物种类。

　　通过观察，我发现构树小时候的叶子的叶缘有明显的分裂，叶子表面摸上去毛茸茸的。而当构树长大之后它的叶子的形状就收敛很多，变成完整的形态，基本没有分裂。

形态各异的构树叶子

　　如此费尽心机，究竟是为什么呢？

　　其中有一种解释我比较赞同。蝴蝶、蛾子等昆虫为了让它们的后代获得更充足的食物来源，往往选择在完整的叶子上产卵。而且，这些卵孵化出来之后的毛虫也有一个习惯，它们会优先挑选那些长得好看而且完整的叶片作为食物，而不喜欢吃那些已经被啃食过的叶子。因此，为了抵御毛虫的侵害也为了能顺利长大，很多植物渐渐有了一些本领，它们的叶子在小

的时候叶缘部分会出现很多不规则的大裂口，这种分裂有一个名称，叫"缺刻"。这些缺刻成了叶子很好的伪装，让虫子误以为它已经被啃食过了而放弃对它的兴趣，因此逃过一劫，使得它有机会得以长大。长大后的叶子由于变得足够强大可以抵御毛虫的侵害，所以就恢复了原始的完整优美的形态，自由自在地生长。这个现象不得不说既是植物的智慧，又是物种进化的结果。植物应用这种策略提高了生存的概率。只要我们仔细去观察，就会发现自然界还有很多植物都具有和构树差不多的特征，当然这种情况并不包括叶子本身就一直是非常稳定地具有分裂特征的植物。

构树的叶子具有迷惑性，它的花也同样让我感到迷惑。

正如前面所讲，构树雄树的花序比较张扬，因此，很难让人不注意它。而雌树相对来说就比较低调，可能因为它的花序不那么显眼，如果不仔细去看，很难发现它那正在开放的雌花，自然也就忽略了它是一株雌树。

2022-04-07 至 2022-04-10　14 ~ 27℃ 晴 空气良

这段时间天气渐渐暖和。有太阳的时候，在室外感觉很热，但是在朝北的工作室里还是让人感觉有点阴冷。

4月8日去看小友的时候，我发现深山含笑的树顶上竟然还开着几朵白色的花，它的花期真的特别长。当小友盛放的时候，我认为深山含笑就开败了。我在3月20日春分那天专门制作了一张以"你方唱罢，我方登场"为主题的节气照，本想用来对比两种植物开花时间节点的差异，不曾想持续的观察给了我不一样的答案。这或许也正是观察的意义。

这段时间，校园里的绿深深浅浅，目光所及之处，嫩绿中夹杂着浅黄，浅黄中透着深绿，有时夹杂着星星点点的红，那是香樟还未换完的去年的旧装，也或许是杜英身上那几片娇媚的红叶，层次丰富到无法用语言进行描述。

我用全景模式给小友和它的邻居们来了一张大合影。除了图片中标注的植物，花园里还有图片中无法清晰观察到的红枫、含笑、八角金盘、木莲、石楠属的一种未确定植物、洒金珊瑚、麦冬、芭蕉、红花檵木、龟甲冬青、金边黄杨、络石、南天竺、荚蒾、八仙花、刻叶紫堇，等等。小小的一个楼下花园，物种如此丰富。

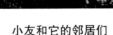

小友和它的邻居们

我注意到这几天小友对面花坛里的红花檵木开花了，而河西食堂门后的红花檵木的花期却早已过去。所以，在同一时间段，同一个环境中，相隔不远的同一种植物的花期也不一定相同。就像同一株植物的花儿在植株上位置高低不同，接受阳光照射和雨露滋润不同，花朵开放的时间也会有所差异是一样的道理。

2022-04-11 至 2022-04-16　15～33℃ 晴 空气良 热

这几天我忙着准备作品集和整理植物科学画笔记。当然，也不忘对我的植物们进行持续的观察和记录。

经过一段时间的快速生长，这几天玉兰的叶芽蜕变成叶枝，形态基本定型。到目前为止，回顾我定点观察的花苞和叶芽，花芽在树身上所处的位置稍下，叶芽稍上。在 3 月 14 日这天，叶芽撑开了包裹在外的芽鳞，紧接着在 3 月 16 日这天小乔开放，它们似乎约好了一般，几乎同步萌发。从叶芽萌发到 4 月 16 日已经有一个月零两天的时间，我想我可以专门来聊聊叶子了。

我将叶子最初萌发的样子和今天看到的叶枝进行了对比，它的变化显而易见。原本一个小小的叶芽，陆续萌发出 5 片叶子。随着时间的推移，叶片与叶片之间的距离因为枝条的生长变得越来越大。每一片叶子在萌出前都由一张托叶包裹着，这张托叶在脱落之后，会在枝条上留下一个环形的托叶痕，最终等叶子也脱落后就会在叶柄和枝条衔接的地方留下一个叶痕。之前我对托叶痕不是很了解，现在亲眼看见它生长的过程，才完全了解了。通过持续观察，我终于看到托叶的位置与托叶的作用以及托叶痕的形成，这对于我来说，无疑是巨大的收获和进步。

　　我还注意到枝条上有两个小芽从一开始到最后都没有变化，这大体上是"顶芽优先"的原则。但这种现象也并不绝对，我也注意到有一部分枝条上的侧芽也会萌发，而且这种情况并不少见，我想这与枝条接受到的营养、光照等应该有密切的关系，只不过大部分侧芽的个头、品相、长势都远远不及顶芽。我发现新萌发的叶枝有长有短，叶子数的多少也有差别。我那定点观察的叶芽最终形成的叶枝长度达 4 厘米。而小乔花苞左右两侧的两个叶芽差别比较大，左侧原先包在第四层芽鳞内的叶芽长势良好，总长度达到 6 厘米，而右侧的那个小芽长度没有很大的变化。

一直未萌发的侧芽　　　　　　　　　　　　枝条上萌发的侧芽

　　持续的观察给我带来认知上的彻底转变：一开始我以为一个叶芽的芽苞里只有一片叶子，但原来它孕育的是一段带叶子的枝条；我以为花苞里面纯粹就是一朵花，但它里面还附带着叶子……慢慢观察花苞和芽苞的生长，很多我以前感到不理解的地方就像被揭开了面纱一般，当一个个真相呈现在眼前，我不自觉地在心里对自己说："哦，原来是这样啊！"这令我有种酣畅淋漓的感觉。

2022-04-17 10 ～ 18℃ 多云 空气良

　　早就听说小牛山上的野生杜鹃花红得特别鲜艳，且这样成片的天然杜鹃花山在本地也十分稀有。于是我约上三两好友，准备今天专门去看杜鹃花。到了山上，我们却发现杜鹃花期快过，只剩下零星的几朵，倒是偶遇了很多有趣的植物和小虫子。

　　野山楂正在开花。在同一株山楂树上，我有幸观察到了从花苞到雌蕊、雄蕊成熟的各个状态。我看到当山楂花含苞待放时，它的雄蕊群全部向内弯曲，它们包裹着中间的雌蕊群。雌蕊有 5 枚，柱头为黄绿色，像 5 个小圆盘。雄蕊花柱为白色，花药未打开时颜色很漂亮，是马卡龙色系里梦幻般柔嫩的粉色。随着时间的推移，雄蕊的花药慢慢开裂，里面的花粉散发出来，一些采蜜的虫子被吸引过来。蚂蚁是当仁不让的常客，哪里有蜜哪里就有它们的身影，花萤也寻蜜而来。为了得到花蜜，花萤用尽全力头朝下使劲钻进雄蕊布下的、严密的花粉阵，等它掉头出来的时候，它的触角、头、胸及背上全都粘满了花粉。我发现野山楂花的雄蕊生得很有意思，当花朵绽放得越来越大时，这些雄蕊的排列渐渐清晰，它们分成内外两层，外层 10 枚，内层 10 枚，共 20 枚，我猜想外层的雄蕊高于内层的雄蕊。如此复杂的设计也是为了提高传粉率吧？雄蕊完成使命之后，它的花药渐渐萎缩，最后变成花丝顶端棕褐色的小点。

野山楂花　　　　　　　　　采蜜的花萤

　　《中国植物志》中描述野山楂的花序为伞房花序，而我实际观察到的这

株野山楂有的花序上只有一朵，当然大部分还是比较标准的伞房形状的花序，多少有些差异也再正常不过了。

我们还看到了斑蛾的幼虫，它身上的配色和花纹简直绝妙，花纹的配色令我赞叹道："斑蛾就是一位天生的配色大师！"我们还看到了一只尺蠖，它弓着身体，灵活地在树枝上爬行，头部的形状就像大头皮鞋一般憨态可掬。在野山楂叶子的凹陷处我发现了一只浑身绿色的螽斯，它伸直着前腿，撅着屁股，身体完全伸展开来，牢牢地贴在树叶表面，就像在做瑜伽一样，完美地融入树叶的底色中。

我当时没想到，后面还有更大的精彩。我们驾车回家，沿着山路没开出多远，远远地看见山脚斜坡处开着一大片玫红色的花。于是一行人将车停在一处较宽敞的路边，兴奋地折返回去看它们。

原来是天目地黄啊！玄参科地黄属的天目地黄给我的第一感觉是，它的浑身都是毛茸茸的，它的茎上、叶片上、花萼上、花冠上都密披着细细的白色柔毛。最令我感兴趣的是天目地黄花朵的形状，我一开始并没有觉得奇特，只是觉得它稍微有点与众不同，但具体不同在哪里却一时还无法描述。一眼望去，天目地黄的花朵呈粉红色的喇叭状，有着长长的花筒。花筒的上部颜色较深，呈紫红色；下部颜色较浅，呈黄绿色。它的花瓣分成 5 裂，上面 2 裂大且短，先端略尖，稍往上往后翻折，就像猫的两个小耳朵；下面 3 裂稍小但比上 2 裂要长，正中的那一裂位置稍高，似乎折叠于其他 2 个裂片之上。

通常，植物花朵绽放的时候，大部分的雄蕊和雌蕊都比较容易被观察到，但是天目地黄花的雄蕊和雌蕊似乎比较隐蔽，我在第一眼并没有看到它们。

正在我们疑惑不解的时候，一只圆滚滚的胖蜂飞过来，我猜测应该是雄蜂。它体型粗壮，穿着一身黑黄相间的貂皮大衣，急速地扇动着翅膀。只见它在一片天目地黄花丛中绕了几圈，选定其中一朵准备行动。我心中窃喜，它这不正是来给我们演示花朵结构的绝好帮手吗？我们兴奋地睁大眼睛，随着雄蜂飞行的路线去采了一次蜜。只见雄蜂将庞大的身体轻盈地落在下唇中裂片上，身体两侧的腿分别踩在左右两个裂片上并往里钻，天目地黄的整朵花被撑开之后，完整地包裹住雄蜂巨大的身体。当它完成采蜜工作从花筒中退出来时，毛茸茸的背上粘了一层厚厚的花粉，样子既滑稽又可爱。

天目地黄花朵以及采蜜的雄蜂

通过观察熊蜂的采蜜过程，我们终于明白了天目地黄花朵的精妙结构：天目地黄的花房下唇裂片折叠结构的设计，使得花朵上下唇裂片在平时能保持闭合；但是当有虫媒前来采蜜的时候，它可以根据昆虫体型的大小来调整打开的程度，以最合适的大小包裹住采蜜者的身体，使得位于花筒上部的花药尽可能多地被带走。这样的结构设计使得采蜜口具有很大的弹性，不管是哪种体型的昆虫前来采蜜，都能保证其顺利进入花筒内部并将花粉带走。

回家后，我解剖了一朵天目地黄的花和一个花朵凋谢后逐渐发育的蒴果，进一步观察到花筒内部精妙的纹理设计和颜色搭配，对于花朵的结构设计和配色，我唯有赞叹。

今天又是收获满满的一天。

2022-04-18 至 2022-04-19　　13～20℃ 多云 空气良

4月18日路过塔山的时候，我被山上一株巨大的臭椿树吸引。只见树身上缠满了络石，络石正在开花，远远看去就像一树白色的瀑布从空中倾斜而下，令人震撼。

4月19日，我对二月兰进行了深入了解。关于二月兰，我最早听说它，是在大鸟老师的自然教育课上，第一次见它则是在崮山公园。二月兰开紫色的小花，单株并不起眼，但一大片二月兰却可以形成壮观的紫色花海。季羡林在《二月兰》中对它有十分精彩的描述："二月兰是一种常见的野花。

花朵不大，紫白相间。花形和颜色没有什么特异之处。如果只有一两棵，在百花丛中，决不会引起人的注意。但是它却以多制胜，每到春天，和风一吹拂，便绽开了小花。最初只有一朵，两朵，几朵，但是一转眼，在一夜间，就能变成百朵，千朵，万朵。当时就觉得那是一种极美的场景。"

原先我对二月兰只是停留在浅层的欣赏，前段时间看了林捷老师关于二月兰的两篇推文之后，才对它产生了浓厚的兴趣。最近我发现在河西图书馆北面的水杉林里，不知什么时候多了一片二月兰，刚好可以让我去一探究竟。

水杉树下的二月兰

虽然名字里有"兰"，但二月兰却与兰科植物没什么联系。在《中国植物志》搜索栏里输入"二月兰"三个字，显示搜索结果为 0，由此我才知道二月兰的学名叫"诸葛菜"，因为它的花期集中在农历二月前后，故得名二月兰，听起来倒比诸葛菜文雅许多。二月兰为十字花科，诸葛菜属植物，所以花型和油菜花很像，两者的花都呈"十"字形且由 4 片花瓣组成。二月兰的植株矮小，目测 10 ~ 50 厘米，一年或二年生草本。通过观察，可见二月兰的茎单一且直立，基部或上部稍有分枝，茎的颜色浅绿或稍带一些紫色。

二月兰的叶子极具迷惑性，它的幼苗期的叶子和长成时期的叶子相比有很大的变化，有时这种变化甚至可能是天翻地覆、改头换面的。二月兰的基生叶和下部茎生叶呈羽状深裂，叶呈基心形，叶缘有钝齿；上部茎生叶长圆

形或窄卵形，叶基抱茎呈耳状，叶缘有不整齐的锯齿状结构。不仅基生叶和茎生叶不同，在同一植株上不同的部位，二月兰的叶子也可能完全不一样。

二月兰的总状花序为顶生，其上的小花看着很"仙"，就像一群穿着紫色衣裙的小精灵。二月兰的单朵花由 4 个花瓣组成，呈"十"字形。在它的花瓣上我们可以观察到呈蓝紫色的幼细脉纹。随着花期的延续，它的花色会逐渐转淡，最终变为白色。二月兰花梗长 5～10 毫米，花萼筒状，4 枚。

我挑选了一朵二月兰，小心地将萼片和花瓣取下，发现其中两枚稍大，另两枚稍小，且两片小的在外轮，压着里面两片大的，4 枚花萼将花瓣长爪包裹住，形成 3 毫米左右的长筒状。二月兰的 4 枚花瓣呈宽倒卵形，都有细长的爪。因为花瓣的长爪被萼片包裹住，花瓣以包裹点为中心向四周伸展，使得花瓣和爪自然形成一个 90 度左右的夹角。在显微镜下观察二月兰的雄蕊群，可以清晰地观察到它的 6 枚雄蕊，其中两枚雄蕊明显短于其他 4 枚，这是典型的"四强雄蕊"的特征。这 4 枚雄蕊组成紧密的两组，分列在两侧，另两枚短一些的雄蕊呈分离状。从上往下看这两组雄蕊也组成两两相对的"十"字形，不过与花瓣的"十"字形刚好错开。

我把包裹在两枚短雄蕊外侧的萼片取下来之后，又有新的发现。其实，这两枚雄蕊并不如我们所看见的那么短，只是它们整体往下移了一段距离而已。这两枚雄蕊花丝的基部稍向内部弯曲，与花柄之间形成一定的空间。这个结构的作用是什么呢？原来，二月兰在这里盛满了晶莹剔透的诱人花蜜，用来犒劳那些帮忙授粉的小昆虫们。我对这一绝妙的设计发出由衷的赞叹！这就是二月兰花朵的小心机。

解剖一朵二月兰

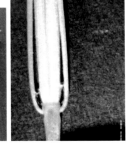

蜜露

我试着尝了一下二月兰的花蜜，很甜。

4月19日，在百合风华南门马路边、鲁迅幼儿园北围墙外，我与一株雌性构树不期而遇，这次我终于见到了雌构树的真身。当时，构树边上一株盛放着一树紫色小花的苦楝树吸引了我的目光。当我要离去时，就那么毫无征兆地看见了苦楝树隔壁那株高大的构树。我仔细一看，只见这株构树那高高的树枝上、茂密的树叶间挂着一颗颗圆球状的小果子，这不正是构树的雌花序嘛！真是"踏破铁鞋无觅处，得来全不费工夫"啊！我试图用手机将画面拉近，但还是不能清晰地看见雌花序的样子。

正当我在树底下转悠不知如何是好的时候，我抬起头突然发现一条被折断的构树枝条，它那被折断处的树皮还连着原来的枝条，断枝上的树叶由于失水干燥而收缩成一团。我踮起脚抬起手试了一下，刚好能够到它，我抓稳枝头将它轻轻地往下扯了扯，用另一只手拨开缩成一团的树叶，竟然欣喜地发现里面遮盖着两朵圆球状的雌花。只见雌花上那细长的粉紫色的柱头已经因失去水分而变成棕褐色，就像一根根细细的极具弹力的钢丝，也像触电之后竖起来卷曲的、炸开的发丝，更像营养不良的小毛头。

我把这截断枝带回工作室，取下一个构树雌花序在显微镜下细细观察。显微镜下的雌花序柱头令我想起常买的一款蛋糕，就像油炸的松丝，上面粘着白色的细细的糖粉，脆中带点甜，口感不错。通过观察，我发现这是一个盛放过后授粉成功的雌花序，处在向果实转变的过程，但还没有成熟。未成熟的构树果子比较硬，并且有大量白色的乳汁，口味比较酸。如果这截断枝能继续在树上正常生长一段时间，再摘取其中一颗果实进行解剖，就可以在果实中看见一些红色的部分，它们是正在发育的瘦果，这些部分以后会突破果子表面生长出去，而那些浅绿色棍棒状的组织就是苞片。

成熟之后的构树果实有点像杨梅，也有点像红毛丹。构树的果实是聚花果，其上的每个红条子都是一个果实，每个果实头部深色的部分则是种子。构树的果实会分泌出黏液，这种黏液含有丰富的糖分，因此，受小虫子和鸟类的青睐。据说，构树果实的味道很鲜美，但它们总是被那些小虫子捷足先登，因此，我们常常可以看到构树下到处散落着成熟的果实而无人问津。

构树果实

构树的雌树能结果，那么它的功劳一定是雄花传播的结果，所以一棵雌树的附近大多能找到一棵雄树的身影。

我家楼前曾经有一株高大的雄性构树，它有着巨大的树冠。时常会有各种鸟类飞来停歇在它的树身上。我能一眼认出的常客包括身形圆润的麻雀、形态优雅的白鹡鸰、浑身乌黑的乌鸫、颈带斑点项链的朱颈斑鸠，还有很多叫不上名的鸟儿。它经常是松鼠的出没地，当然，偶尔也有猫窜上去溜达一圈，然后迅速归地。鸟儿们各自选一个安全的枝头，或是忙碌地梳理羽毛、整理内务，或是静静地蹲着晒太阳，时而安静，时而追逐嬉闹。嬉闹时那几只调皮的鸟儿就像是石子丢进一潭平静的池水，激起无数波纹和涟漪，引得其他的鸟儿展翅扑腾，叽喳声连成一片，热闹非凡。

冬日里，构树的叶子全部掉落。早上出门和晚上归家上下楼的时候我都会望向它，早上的天空将亮未完全亮，晚上的天空将暗又未完全暗，大部分背景有点灰暗，我看见构树那粗壮的、光秃秃的、曲成大大的"几"字形的树枝伸向天空，每当这时我的脑海里就会出现宫崎骏画笔下那只肥硕呆萌、头顶一片荷叶的龙猫，它正坐在枝丫上。如果这时，我跟它对视，我该说些什么呢？或许什么都不说吧。我总是陷入这样的想象中，即使年过不惑，但这样的想象总给我平凡庸俗、毫无波澜的生活带来一些暗暗的欣喜和快乐。

2021年，河东校区开始改造，文理学院幼儿园院子里的一株雌性构树被砍掉了，它离这株雄构树不到50米远。接着，这株位于学校和小区围墙夹缝中的雄性构树也没逃过被砍伐的命运。2021年4月21日，傍晚回家时我看见一辆巨大的吊车升到半空中，正准备截断构树那粗壮的树干。夕阳照在树身上，给构树罩上了一层金黄色，凄美悲壮。十几分钟之后，这株构树在切割机刺耳的声音中轰然倒下。以后再也看不到它给我带来的四时美景，鸟儿、松鼠也少了一处乐园，我因不能为它做点什么而感到难过。

一年四季曾给我带来不一样风景的构树

2021 年 4 月 21 日所见即将被砍掉的构树

第八章
雨量足，雨生百谷、时至暮春之谷雨

谷雨

清·郑板桥

不风不雨正晴和，翠竹亭亭好节柯。

最爱晚凉佳客至，一壶新茗泡松萝。

几枝新叶萧萧竹，数笔横皴淡淡山。

正好清明连谷雨，一杯香茗坐其间。

谷雨，二十四节气中的第六个节气，春季的最后一个节气。

谷雨与雨水、小满、小雪、大雪等节气一样，都是反映降水现象的节气。谷雨取自"雨生百谷"之意，此时降水明显增加。

谷雨有三候："一候萍始生，二候鸣鸠拂其羽，三候戴胜降于桑。"说的是谷雨后降水量增多，浮萍开始生长，接着布谷鸟便开始提醒人们播种了，然后是桑树上开始见到戴胜鸟。

谷雨时期的花信风：一候桃花，二候棣棠，三候蔷薇。

　　玉兰树枝繁叶茂，满眼的绿层层叠叠，蓇葖果顶端开始膨大，叶片基本长好。

　　草木旺盛，日夜生长，充满生机。细细观察老鹳草，紫洪山村寻访天目地黄。

2022-04-20　13～26℃ 晴 空气良 谷雨

今日我发现小乔两侧叶子完全长好了，只是其中一片被啃咬掉一大块，形成一个刺眼的缺口，是谁动了我的叶子？

谷雨节气照：深深浅浅的绿，层层叠叠

2022-04-21 至 2022-04-22　16～27℃ 多云 空气优

此时，小友和它的邻居都进入了最好的时节，草木旺盛，日夜生长，一切充满了生机。

4月22日是世界地球日。今天我想来聊聊老鹳草。

老鹳草，早在2017年的时候我就认识了它。记得当时我在小区门口等踢足球的儿子回家，闲来无事便转入小区入口左手边的花坛。这是一个很老的小区，建于20世纪80年代，当时应该还没有植物景观设计的概念，小区空地上的绿化还不能算是真正意义上的景观，里面植物的选择显得比较随机，更趋向于自然生长的态势。虽然也有不定期的清除，但到了季节，各种杂草欣欣向荣，反倒令人感觉是来到了野外。就在这杂草丛中，我在地砖的缝隙里看到一株小小的植物，它高不过10厘米，姿态优美，细细的茎呈紫红色，其上密披着一层茸毛。它就是老鹳草。

《中国植物志》中记载，老鹳草是牻牛儿苗科老鹳草属植物，该属全世

界一共有 400 多种，我国产 55 种及 5 变种，全国各地都有分布。老鹳草的花看上去和一般的小花没什么太大的区别，令我感到惊讶的是它的蒴果。在开花的时候，我没料到它的蒴果长得这么有个性，以至于第一次看见老鹳草蒴果的时候就被它深深地吸引。蒴果整体向上，果实正中有一个宝剑一般的结构直指天空，长约 2 厘米，上面密被短柔毛和长糙毛。经过一段时间，老鹳草萼片和蒴果的颜色会慢慢变红，特别好看。有人说它长得很像鹳鸟（鹳是一种大型水鸟科的通称，它们有又长又结实的尖喙）的长嘴，故而得名老鹳草。而我好奇的是这个尖而狭长、长得像宝剑一样的部分，它是什么结构？起什么作用？

我曾把一个老鹳草的蒴果带回办公室，进行了仔细的观察。我发现老鹳草的每一个蒴果里面有 5 粒种子，种子未成熟时围合成一圈位于"宝剑"底部，外部包裹着宿存的花萼片。我观察到刚形成果实不久的蒴果状态：种子被类似铠甲的结构半包裹住。这个"铠甲"稍微有点硬，外面同样覆盖着厚厚一层细长的柔毛。"铠甲"未成熟时为绿色，这时 5 粒种子和萼片长在一起，在这个阶段，种子被保护得很好。随着时间的推移，"铠甲"带着种子慢慢开始与萼片分离开来。这时，从底部去观察，可以清晰地看见"铠甲"里面 5 粒种子的身影，就像是 5 个排列成花形倒扣的碗。最终在离萼片大约 4 毫米的时候，种子就基本成熟了。这时"铠甲"的颜色已经由嫩绿色变为黑色。种子将熟未熟的时候，萼片的颜色是最为好看的，上半部是娇柔的粉红色，靠近底部颜色渐渐由粉红过渡为嫩绿色，风情万种，千娇百媚。

等种子成熟之后，我观察到一个更有趣的现象。当时，我正在琢磨着如何将种子取下，不知碰到了什么机关，其中一颗种子瞬间以一种强大的爆发力"啪"的一声飞弹了出去，接着我看到了那条长长的"宝剑"在种子飞弹出去的位置，被向上撕裂开来，孤零零地向上卷曲着。我惊叹于小小的植物竟然有如此精妙的结构！这一弹的原理恰如扳机一般，把种子尽可能送得远远的，找寻适宜生长的土壤进行繁衍，如此使得种群生生不息。我不得不再次感叹造物主的神奇和植物的智慧！再仔细观察，我看见这把由 5 面体组成的细长"宝剑"，恰好对应 5 粒种子，棱形表皮随着种子的飞弹撕裂开来，助力种子可以飞得更远。就当我还在观察萼片的时候，另一粒种子在我毫无防备之下也"啪"的一声，急不可耐地飞了出去，这次它连带着"宝剑"上的表皮也一起带走，就好似长着一条尾巴的小蝌蚪。

到此，我完全明白这把"宝剑"的作用了。而它真正的名字叫"喙"。小小的老鹳草，令我时而惊讶，时而感叹。神奇的老鹳草，神奇的植物，我才窥到冰山一角。

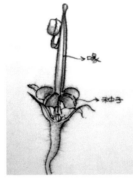

老鹳草的花和蒴果　　　　　　手绘老鹳草的蒴果和种子成熟弹出后的状态

2022-04-23 至 2022-04-25　20 ～ 28 ℃ 大风 空气良

今天有强对流天气蓝色预警，预计多地将遭遇10级大风。天气预报挺准，傍晚5点30分我从学校接回儿子，路上走了10分钟左右，到小区楼下的时候，天暗得有点吓人。一停好车，我俩就连忙小跑着上楼了。

回到家洗个手的时间，风狂怒地席卷了一切，裹挟到天空。它的"魔爪"也不放过室内空间，吹得百叶窗噼里啪啦，哐哐作响。我赶紧喊儿子将各房间的窗户关上，同时跑到阳台上关窗户。但这时的风力似乎已经达到十几级，阳台上晾晒的衣物被刮得纠缠在一起。我用尽力气关上一扇窗，在强大的气流的压迫下，使得我根本无法关上另一扇窗。强劲的风疯狂地撕扯着一切，当它从建筑边缘掠过的时候，我听见它似无数饿狼般发出令人毛骨悚然的呜咽，外面电闪雷鸣，周遭的一切都陷入一片混沌。

有那么一阵，我待在原地不敢动弹，再一次深刻感受到人类在大自然面前的渺小和自然灾害来临时的无助。

2022-04-26 至 2022-04-27　18 ～ 26℃ 阴 空气优

早上下楼的时候，我看见小区地上一片狼藉，希望我的小友能好好的。

看到小友后，我发现昨晚的狂风暴雨对它的影响似乎不大，我的内心充满欣喜和感动。在自然进化的过程中，这些对植物来说应该早已司空见惯了。小友的叶子长齐整了。我看到小友的树叶上来了一位访客，它静静地待着。小乔的蓇葖果没有异样，长势良好。我又细看了一下蓇葖果的顶端，它似乎开始有了膨大的迹象。

4 月 27 日的"2022 培养方案"会议结束时将近下午 4 点，我约上友彭一起去紫洪山村再次寻访了天目地黄。我们带回几株天目地黄幼苗，种在文科楼下的小花园里。

2022-04-28 至 2022-04-30　13 ～ 23 ℃ 小雨 空气良

我的定点花苞小乔左右叶枝的叶片差不多长好了。右侧的叶枝较长，左侧的叶枝较短。在我的印象中右侧叶枝边一共生长出 5 片叶子，今天仔细观察之后我又开始有点疑惑。因为，当我将树枝翻过来的时候，发现右边叶枝上最底部的那片叶子，它既不长在右枝上，也不长在左枝上，而是直接从花柄的右侧长出来。我想，这个位置似乎有点不太符合常规。于是，我赶紧去翻看了前面的记录，翻看之后才发现，原来是我的记忆出现了"偏差"。我的头脑在如此短的时间里，已经开始遗忘以前的观察结果。这片叶子确实既不长在右枝上也不长在左枝上，也确实恰好就长在花柄上。我找到小乔最后一层芽鳞打开时的图片，清楚地回忆起这片叶子就是裹在这最后一层芽鳞里面，等芽鳞打开后最先长成的那一片叶子。

小乔花枝正面　　　　　小乔花枝背面　　从芽鳞里出来的第一张独立的叶片

观察植物就是一个不断遗忘、不断想起、反复认识的过程，很有意思。

2022-05-01 至 2022-05-04 11 ～ 18℃ 阴 空气良

在这几日的日常观察之余，我开始整理资料，也继续着我植物科学画的学习。

5月4日这天我从学校南门进来，经过理工楼旁边的水杉林。以前每次路过的时候，我都会情不自禁地望向它们，就像跟一群老友见面，很自然地跟它们打招呼。水杉属于校园，但似乎又不属于校园。它们自成一体，如果不静下心来，不会感受到它的精彩。它们看似静悄悄的，但当你走近它们，用心去体会它们的时候，你就可以感受到它们沉静表面下的那股热烈和张力。

我看到二月兰结出了细长的、有棱有角的豆荚，我还看到了一丛戴着帽子的小蘑菇。二月兰开过之后，一大片酢浆草成了这里的主角。水杉林里还出现了很多其他种类的草本植物，它们匍匐在水杉的脚边，贴地而生，显得那么谦卑却又那么张扬。它们的颜色或黄或粉，虽然是那么渺小，却开成了一片海洋。

第九章
炎暑临，绿秀木荫、南暑北春之立夏

立夏

宋·陆游

赤帜插城扉，东君整驾归。泥新巢燕闹，花尽蜜蜂稀。
槐柳阴初密，帘栊暑尚微。日斜汤沐罢，熟练试单衣。

立夏，二十四节气中的第七个节气，夏季的第一个节气。

立夏表示告别春天，是夏天的开始。春生、夏长、秋收、冬藏，时至立夏，万物繁茂。立夏后，日照增加，逐渐升温，雷雨增多，农作物进入了苗壮生长阶段。

立夏有三候："一候蝼蝈鸣，二候蚯蚓出，三候王瓜生。"说的是这一节气中可听到蝼蝈在田间的鸣叫声（一说是蛙声），接着大地上便可看到蚯蚓掘土，然后王瓜的藤蔓开始快速攀爬生长。

立夏时期的花信风：一候桃花，二候棣棠，三候蔷薇。

　　玉兰被树叶密密实实地装扮着，授粉失败的果实自动脱落，让位给有潜力的优质种子。

　　探寻金银花，偶遇半边莲。臭椿进入花期；含笑也正盛放，它那香蕉味的花香独具特色。

2022-05-05　17～27℃ 晴 空气良 立夏

立夏，万物生长，枝繁叶茂。

立夏小友节气照

立夏的节气我依然为小友和它的邻居深山含笑拍了合影，虽然深山含笑结出聚合果要比小乔早很多，但现在小乔的聚合果也不甘示弱，快要赶上深山含笑的个头了。猜猜立夏节气照中右下的蚂蚁津津有味地在吃谁的花蜜？是臭椿的花蜜。

我看着满地掉落的花，脑海中又浮现出那个疑问，即为什么花朵在接受了虫媒或者风媒带来的混合花粉后，结出来的果子不会变种？我曾在春分节气时提到过这个问题。通过进一步查找资料，我得知，从遗传学的角度来说，不同的植物之间无法完成受精。物种之间有生殖隔离，所以，别的物种的花粉不会影响花朵结果。

观察和思考使人进步。在大自然面前，我需要永远拥有一颗求知若渴的心并保持一种谦卑的态度。

2022-05-06　16～29℃ 晴 空气优

探寻金银花，偶遇半边莲。

昨天经过无患子花坛的时候，在我眼前掠过一片黄白相间的小花，它们缠绕在已萌发出叶片的紫荆叶上，我在心里暗暗叫了一声："原来是金银花！"于是我计划今天好好去看看它们。

近看，金银花像一白一黄在蓝天下展翅飞翔的蝴蝶

记得在薛家弄通往水沟营的路上，鲁迅幼儿园北侧的围墙上爬有一株金银花，植株不算太大，我去塔山或花鸟市场的时候常从它跟前走过。或许每次都为了办事，也或许这条路上人来人往显得太过嘈杂而让我觉得心情有点烦躁，所以每遇开花季节我从此经过时，只是有意无意地匆匆瞥它一眼，但从未停下脚步近距离对它进行细致观察。因此，金银花对我而言虽然算是老相识，但终归还只能算是一位熟悉的"陌生人"。2022年4月19日，当我再次路过那里，却发现围墙已重新砌过，那曾经攀附在老围墙上郁郁葱葱的金银花藤蔓也早已被清理干净，一溜的青砖矮墙虽然整齐划一，但却因为没有金银花的身影而少了一股灵气。

　　金银花学名忍冬，双子叶植物纲茜草目忍冬科忍冬属植物，多年生半常绿缠绕灌木。被命名为忍冬是因为金银花的耐寒能力较强，即便在寒冷的冬季也不会落叶，而"金银花"的名称则出自李时珍的《本草纲目》。金银花初开放的时候花色为白色，随着时间的推移逐渐转变为黄色。黄、白两色改用金、银两字来代替，更符合百姓心理，也更突出它在药理上的重要性。

　　深究金银花之所以会变色，一方面，由发育过程中多种色素物质与植物激素的变化共同影响所致；另一方面，则再次表明了植物在传宗接代这件事情上的智慧。很多植物的花朵会在开花的季节同时开放，而为了让那些来帮忙传粉的虫媒更快速地找到适合自己的花粉和花蜜，金银花发展出一种应对措施，它会根据花朵的不同时期来改变自己的颜色。这样，虫媒们就知道哪些花是刚开的，哪些花是已经开了很久的，从而帮助植物更快速、更高效地传播花粉。因此，花色的变化也是金银花适应生存环境的一个小心机。

　　绽放的金银花会散发出一股似有若无的清香。仔细观察它的花，可以看到它们成对生于叶腋处，有 2 枚叶状的苞片，花萼短小，5 裂，裂片呈三角形。花冠呈二唇形，长 3～5 厘米，上唇有 4 个浅裂，下唇不裂，外面有短柔毛和腺毛。金银花花筒细长，差不多与唇部等长。它有 5 枚雄蕊，雌蕊花柱稍长于雄蕊，均优雅地伸出花冠之外。因为金银花一蒂二花的特点，给人感觉就像是一对形影不离的恋人，所以金银花还有"鸳鸯藤"之称。金银花的核果呈球形，有光泽，先是绿色，成熟时转变成黑色。

　　当我沉醉在金银花里的时候，并没有注意到紫荆花树下草坪上的情况。这里种着稀稀疏疏的麦冬，当我低下头，才发现麦冬附近的空地上开着一些毫不起眼的小花。它们实在太小了，不仔细看真发现不了。但只看了一眼那只有一半的花朵，我就明白了——半边莲，原来是你呀！我们终于见面了！

　　半边莲，可以算是一个熟悉的"陌生人"。小伙伴李军老师的自然名就是半边莲，因此对这个名字可以说是耳熟能详。以前我也偶尔看过半边莲的图片，却一直没有看到过它真实的模样，因此并没有细致入微的观察体验，只能算是有点肤浅的印象。

　　只见半边莲几乎贴地而生，植株矮小，只有几厘米。我观察了一下周围环境，除了这块花坛外，别的地方没有看见它们的身影。我对学校河东这一块儿的植物还算比较了解，但我以前从来没有见过它们。这块地的草坪因为改造换了几次林下植物，估计是换土的时候带来的种子。

半边莲属于多年生草本植物，它的花朵很有意思，花瓣粉白色中稍带点紫，花萼筒呈倒锥形，长 3～5 毫米，外部无毛，上面较宽，连着花瓣，基部渐细并最终和花梗融合在一起。它的花冠长 10～15 毫米，分成 5 裂，背面裂至基部，裂片全部偏向一边，看起来就像只开了一半花，我想这应该也是它被称为"半边莲"的原因。

从正上方观察半边莲的花朵，它左右 2 枚花冠裂片向两侧伸展，就好像展开翅膀的飞鸟，中间连接的更为紧密的 3 枚花冠裂片神似鸟的尾羽。我觉得它也像是仰泳的人，正伸展着双臂漂浮在水面上，令人浮想联翩。

我把一朵半边莲带回工作室，在显微镜下细细观察。我用镊子轻轻夹住花朵，在显微镜下慢慢转动，随着花朵的转动，我不禁为它精妙的结构所折服，大自然简直是鬼斧神工！只见它中间 3 枚花瓣在靠近花喉处有绿色的凸起和斑块，上面布满了密密的白色茸毛。这是指引小昆虫前来拜访的路径，茸毛可以增大摩擦力，让到访者站得更稳。

一开始我并没有看明白半边莲花朵的结构。它的雄蕊、雌蕊分别在哪里？位于中间的那根是雌蕊吗？如果是雌蕊的话，那么它的外部像八爪鱼一样包围的结构是雄蕊吗？如此精妙的结构设计究竟是为了什么？带着疑问我细细阅读、分析了《中国植物志》中关于半边莲的记载，其中关于半边莲雄蕊和雌蕊的描述如下："雄蕊长约 8 毫米，花丝中部以上连合，花丝筒无毛，未连合部分的花丝侧面生柔毛。花药管长约 2 毫米，背部无毛或疏生柔毛。"原来，这个相对于花瓣高高昂起的部分，外面是雄蕊，里面是雌蕊。雄蕊的结构很奇特，它的花丝分两段，一段在上半部连合起来形成一个花丝筒，花丝筒很短，再往上也是连合在一起的花药管。花丝筒的下部则分裂成 5 个基部与花萼衔接的条状。半边莲花瓣背面裂至基部再加上雄蕊下半部分形成 5 条花丝的设计，直接向小昆虫敞开了采蜜的大门，但即使不通过正常的渠道，也可以直接从底部取食花蜜。我感到有点疑惑，如果不用经过正门就可以得到花蜜，那么是不是降低了虫媒传粉的概率？但这也不排除是为某种特定的虫媒设计的，这个疑问有待进一步探究。

显微镜下的半边莲　　　　半边莲花形　　　显微镜下的半边莲结构

现在我手上的半边莲花朵正处于可以观察到被包裹于雄蕊中间的雌蕊的阶段，如果再早一些，雌蕊就有可能不那么容易被观察到。我通过一篇关于半边莲的文章了解到，半边莲是雄蕊先熟的植物，一开始它的雌蕊会隐藏在花药筒中，在它 2 裂的柱头下有一圈毛状的结构，被称作收集毛。当花药开裂进行散粉时，粉紫色的柱头才会从花药筒中逐渐伸出。在伸出过程中，收集毛会把花粉推出来，更好地展示给传粉昆虫。花粉都散落之后，柱头才会展开，此时的它才具有活性，并开始接受花粉。

又是一个"雌雄异熟"的实践者。

看完金银花，初识半边莲，今天是心满意足的一天。

2022-05-07 至 2022-05-09　14 ～ 23℃ 多云 空气良

小友的邻居臭椿这段时间正在花期，此时可清晰地观察到臭椿花序和香椿花序的明显区别，一个向上，一个悬垂。臭椿细细的花朵掉落在地上、花上、草丛中，还有一些挂在玉兰的叶子上。深山含笑也开花了，它那浓郁的香蕉味花香远远地就能将你包裹住，给你一个热情的拥抱。

小友被树叶密密实实地装扮着，现在正是它最旺盛的时节。小乔的蓇葖果看着也还不错，只是不管在个头上还是外形上似乎都还没有什么变化。我发现叶子背后有一只刚蜕了皮的蜘蛛，它将旧"衣服"挂在一边，准备开始一段全新的生命旅程。

2022-05-10　15 ～ 22℃ 多云 空气良

这两天我发现小区门口栾树的叶子有点异常，看着油光发亮，不像是被雨水打湿的样子。我上前用手摸了一下，黏糊糊的，再仔细观察，只见它的叶柄上、树枝上、树叶背面密密麻麻趴满了蚜虫，我的心里有数了。我查询了资料，结果与我猜想的一致：这些树叶上黏腻的物质果然是这些蚜虫的分泌物。每年栾树春季发芽生叶、秋季开花时，趴在它树梢、树叶上的蚜虫会产生大量的分泌物，这些分泌物会像小雨点一样滴落下来，形成"栾树滴油"的现象。这些分泌物含有糖分，所以摸起来很黏，但它们对人无害，如果粘上，用水稍加清洗即可。

遇见如此规模庞大的蚜虫群，估计瓢虫们也忙不过来了。

2022-05-11 至 2022-05-12　17～23℃ 阴 空气良

今天下楼的时候我看见地上躺着一片广玉兰花瓣，厚厚的肉质，白色的花瓣已经泛出了锈色，花瓣里盛着昨晚的雨水，水里散落着同样已经变成棕褐色的雄蕊花丝。在这片广玉兰花瓣的左边躺着一瓣颜色洁白、卷曲成条状的苞片，应该是刚脱落的。

文科楼下的小花园里有一株枫杨，因为这里有枝叶遮蔽，所以枫杨植株矮小，在它的树痕下长了很多幼苗。它们的叶子嫩绿，是蚜虫特别喜欢光顾的对象。当然蚜虫的老搭档蚂蚁也如影随形，它们在充当保镖的同时获取蜜露，与蚜虫一起互利互惠。

下午又开始下起暴雨。我去接儿子的时候，从前挡风玻璃望去，雨中的悬铃木变成了一幅流光溢彩且灵动的画。

2022-05-13 至 2022-05-14　13～20℃ 多云 空气优

5月14日，小乔的菁葵果掉了。

最近杂事繁多，我有几天没去拜访小友和小乔了。今天到楼下停好车，我就径直向小友走去。最近有很多树友反映自己观察的菁葵果掉落的情况，而我则一直比较庆幸，因为我的小乔一直健康地生长着。上次去看小乔的时间是5月9日，一晃又过去将近一个礼拜的时间。

今天我越过麦冬走近小乔，伸手拨开挡在眼前的树叶，黯然发现我的小乔已经不知所踪，只在枝顶上留下一个孤零零的圆形脱痕。我有点不甘心，

又弯腰在小乔有可能掉落的地方搜寻了一番，最后在麦冬丛中找到一个落果，但我不能确定它就是小乔，因为这个时期脱落的蓇葖果太多了，它们长的也都差不多。我试着将这个捡到的蓇葖果安放在圆形脱痕上，似乎能对上，就当是它了。

从小乔开花后，第二天就开始连续下了一周的雨，那时我预感小乔的蓇葖果发育会不太顺利。但是，对于这个两个多月后脱落的蓇葖果，我因为不能跟踪观察它从发育到成熟的完整过程而感到遗憾。不过这也正是植物在进化过程中的常态，不管是玉兰、无患子，还是栾树，花开的时候热热闹闹，但一大部分都随风而去；有的果实虽结好了，但也有很多长着长着就掉了，能真正走完全程的都是优胜劣汰后该物种留下的最优选手。那些中途掉落的果实，大部分是没有授粉成功的，这种不能成功发育的现象被称为"雌蕊不育"。这样的果实在树上生长一段时间后会自觉地从枝头落下，把营养留给那些有潜力的优质种子，使本物种得到更好的繁衍。

树友们对于蓇葖果的掉落感触良多。关心老师说："一年观察一棵树，会带给我们很多收获，即使不结果或者结果不好，我们都要学会接受。记得作家巴金说过，做一件事重要的并非结果，而是参与的过程我们是否认真。"树不为我们而活，自有它生存的方式，而我们能做的就是默默观察。

2022-05-15 至 2022-05-16　12 ～ 18 ℃ 多云 空气良

5 月 15 日上午答辩，下午各种杂事。5 月 16 日，又是一年毕业展。下午，我将昨日捡到的小乔和另一枚蓇葖果带回办公室，准备有空的时候进行解剖观察。晚上，我继续探索蝴蝶兰结构，研究植物科学画。

2022-05-17 至 2022-05-19　16 ～ 28℃ 多云 空气优

这几天，小区里的绣球花开得正好。绣球的花朵密集，组成近似球形的伞房状聚伞花序，花朵硕大，直径 8 ～ 20 厘米。绣球花的颜色变化多端，极惹人喜爱。我一直对绣球花的结构感到好奇，因为很难观察到它的雄蕊和雌蕊。查了《中国植物志》后，我了解到绣球花多数不育，我们平常看到的鲜艳的"花瓣"其实并不是它真正的花瓣，而是萼片。这些形似花瓣的萼片近圆形或阔卵形，通常由 4～5 片组成，长 1.4～2.4 厘米，宽 1～2.4 厘米，颜色多变，呈粉红色、淡蓝色或白色。仔细观察，可以在这些萼片中心看到两种不同的形态，一种是球状结构，这是绣球花的不育花，不育花的花瓣和雄蕊都已经退化，不育花在绣球花中占大多数。如果再仔细寻找，我们还可以在花萼的中部找到一些零星的小花，这些花虽小，但具备花的基本结构，它们有短柄，有 4～5 片花瓣，花瓣的颜色和萼片相近，且雌蕊、雄蕊清晰可辨，这就是绣球花的另一种形态，即它的孕性花。

这又是一大新发现，下次见到绣球花我一定要再好好辨认一番。

除了绣球花外，这几天小区围墙边上作为绿篱的珊瑚树也正开得热闹。珊瑚树的果实卵圆形或卵状椭圆形，先黄后红再转黑色，结果的时候甚是好看，我在几年前曾经画过它。

开花的珊瑚树及手绘果枝

2022-05-20　17～25℃ 多云 空气良

在我的印象中，很少遇到过了 5 月还会让人感觉到冷的天气，今年的气候确实与以往有点不太一样。

蓇葖果上单独鼓起的心皮

自从小乔脱落之后，位于它斜上方的这颗蓇葖果成为我继续观察的对象。只见现在的它除了背部的心皮因为开始生长而变得膨胀，其他部分没有明显变化。回到工作室，我开始观察前几天捡回来的小乔蓇葖果。在办公室放了几天之后，它开始渐渐失水风干，由原先的黄绿色变成深灰色，我用手摸了一下，感觉硬邦邦的。我想进一步了解它中途夭折的原因，于是准备对它进行解剖。我把它在 5 厘米 ×5 厘米的切割板上放置好，用解剖刀先横向切了一刀，然后又纵向切了一刀。当我完成横向剖切的时候，闻到了一股淡淡的松木的味道，但不确定是不是从玉兰的蓇葖果上散发出来的。当我再切第二刀的时候，这个味道更加浓郁了。我把切开的果实拿起来闻了闻，果然，就是它散发出来的。

玉兰的聚合果是由雌蕊的子房发育而来的。传统上，我们把较典型形态花的中央部分，即由子房、花柱、柱头等构成的部分称为雌蕊。但在一朵花为多心皮、离生的状态下，雌蕊一词的概念就容易被混淆，所以现在植物系统学上常采用较为精准的雌蕊群一词。雌蕊群的子房内有一粒或多粒胚珠。胚珠为子房内着生的卵形小体，是种子的前体，为受精后发育成种子的结构。玉兰的聚合果就由雌蕊群发育而来，呈典型的多心皮、离生状态。

在显微镜下，玉兰蓇葖果内部的结构一目了然。通过观察它的纵向切面，我看到一个个不规则形态的子房，像一个个小房间似的分布在蓇葖果架的左右两侧，在每个子房里有 1 ～ 2 枚胚珠。再来看它的横切面，我了解到这些子房围绕着中轴进行排列，这是最为合理的排列方式，可以容纳最多的种子。

显微镜下的蓇葖果纵向切面　　　显微镜下的蓇葖果横向切面

另外，在同一个聚合蓇葖果内，因为心皮的发育情况各不相同，有些快有些慢，还有一些根本来不及发育就被挤在一边，所以就出现了玉兰果实似乎被挤压揉捏之后的各种奇怪姿态，这给我们带来很多有趣的遐想。晓青老师曾经用玉兰的果实和不同的叶子或狗尾草等植物材料进行组合，制作出的手工作品形神兼备，惟妙惟肖。

第十章
渐入夏，作物灌浆、江河渐满之小满

五绝·小满

宋·欧阳修

夜莺啼绿柳，皓月醒长空。

最爱垄头麦，迎风笑落红。

小满，二十四节气中的第八个节气，夏季的第二个节气。

小满和雨水、谷雨、小雪、大雪等一样，都是直接反映降水的节气。小满反映了降水量大的气候特征："小满小满，江河渐满。"北方麦类等夏熟作物的籽粒开始灌浆，只是小满，还未完全饱满。

小满分为三候："一候苦菜秀，二候靡草死，三候麦秋至。"说的是此时节苦菜已经枝叶繁茂；接着，喜阴的一些枝条细软的草类在强烈的阳光下开始枯死；在小满的最后一个时段，麦子开始成熟。

不同时间节点发育或根本不发育的心皮，不久之后会将菁葵果拉扯成奇形怪状的模样。

潜叶虫在二月兰上留下印象派画作，昆虫的身体构造、配色等都是人类创作的资源库。

2022-05-21　17～24℃ 多云 空气良 小满

小满之名，有两层含义。第一，"满"指谷物籽粒饱满，"小满"为谷物的籽粒开始灌浆，但未完全饱满。第二，"满"用来形容雨水的丰沛程度。"小满"为降水量开始增多，江河渐满。小满未满，一切刚好……小满既是一个节气，也预示一种"不多不少"的人生状态。

小友小满节气照

到目前为止，小乔斜上方的这颗膏葖果总体状况不错。其中一个心皮就像是个急性子，探出它圆鼓鼓的脑袋，打破了平衡，成为果实上的焦点。不久之后，这枚原本还算周正的膏葖果，可能就会被这些在不同时间节点发育大小不一的心皮拉扯成奇形怪状的模样。花期过后，玉兰的叶子渐渐成为各种小虫子的庇护所。这些肉眼所及深浅不一的绿，它们背后可能暗藏着无数的秘密。随机翻开一片叶子，你就可能会遇见一个全新的世界。我在树叶背后发现了一只黄色的小瓢虫，它憨态可掬，正在玉兰树上忙碌地找寻食物。玉兰树似乎并不受蚜虫的喜爱，所以也难得看见瓢虫来造访了。

昨晚，我看了小丸子老师推送的文章《土堆儿们的世界》，里面对潜叶

虫及其制造的图案有精彩的描述。于是，我决定今天要去河西那片水杉林里的二月兰上寻找潜叶虫，因为我曾不止一次在二月兰叶片上看到过大量相似的图案，但从未进行过深究。

这是我第三次特意来看二月兰，之前它们已经被大片修剪，只剩下稀稀疏疏不多的几株，算是漏网之鱼。我大致知道它们的位置。当我走进水杉林，穿过一片沿阶草去寻找二月兰的时候，脚边几株有着一团团皱巴巴叶子的龙葵吸引了我的视线。是谁对龙葵的叶子动了手脚？它又想在这里干什么？

植物的叶子不仅是昆虫的食物来源，很多时候还被用来充当它们天然的庇护所。

我翻了几片龙葵的叶子，在它们背面都没发现异常。当我继续翻到其中一片比较靠下的叶子时，一只几乎和叶片相同色系的长腿蜘蛛出现在我眼前。它似乎感觉到了光线的变化，赶紧跑到此时变成底面的叶子正面。接下来，我俩就像捉迷藏一般，每一次我绕到它的正面想要盯着它看的时候，它似乎就能感觉到危险一般，快速地爬到背面将自己隐藏起来。我就这样追着它看，而它就那样躲着我，不让我看到它的庐山真面目。直到我蹲到两腿发麻，几乎失去知觉，才侥幸拍到它四分之三的侧颜。只见这只蜘蛛整个身体呈绿色，头胸部较小，前 4 足细长，后 4 足较短，上面膨大的部分是它的腹部。这个腹部很有意思，令我联想到外星人的大头，其上的两个黑点就像是两只眼睛，这样的花纹设计基本是用来吓唬敌人的。

藏在叶子背后的蜘蛛

它是什么蜘蛛？我咨询了半边莲老师，收到的回复是"三突伊氏蛛"。好奇特的名字！查阅相关资料得知，三突伊氏蛛是蟹蛛科伊氏蛛属动物，这类蜘蛛身体短宽，8 只步足能够左右伸展，可以横行或后退，就像螃蟹那样，所以被称为蟹蛛。三突伊氏蛛头胸部通常呈绿色，8 眼排成 2 行，前、后侧眼明显比中眼大，眼区黄白色，前两对步足明显长于后两对。它的腹部梨形，前窄后宽。背面黄白色，或金黄色，并有红棕色斑纹。蜘蛛可分为结网型和游猎型两大类。三突伊氏蛛属于不结网游猎型选手，所以它们常静静守候在花丛中，当猎物靠近时，就迅速跳出将其逮住。难怪没有看到它的网，原来如此！

当我将目光从蜘蛛身上收回时，发现在这株龙葵另一片叶子的边缘正稳稳当当地停着一只小虫子，它身体的斑纹一眼看上去像蜜蜂，但体形比蜜蜂更加修长苗条。如果只看它的头部又感觉它与苍蝇类似，但它比苍蝇颜色更加鲜亮，体态也更加优雅。这让我想起了翅膀老师在《追随昆虫》中所描写的食蚜蝇。根据他所描述的特征，这是食蚜蝇无疑了。只是翅膀老师重点描写了食蚜蝇的悬飞表演，而像现在这么乖巧安静的样子实属难得。这为我仔细观察它提供了便利。食蚜蝇给我上演了一整套清理自己的完整过程。这类昆虫似乎很爱干净，像这种生存之外的休息时间也是整理内务的最佳时机。只见食蚜蝇正用它的两条后腿绕过背部搓擦着它的翅膀，尽管那薄薄的翅膀看上去已经光洁如新了。

正在搓背的食蚜蝇

很久之前我就在叶子上观察过潜叶蝇幼虫啃食叶片留下的痕迹，但并不知道这个痕迹是谁造成的。直到看了《土堆儿们的世界》的推文，我才有一种恍然大悟的感觉。潜叶蝇的幼虫会在叶片上挖出一条条白色的隧道，就像鬼画符一般。因此，常被叫作"鬼画符虫"，但这些图案在我看来还挺美丽的。

潜叶蝇幼虫的杰作

潜叶蝇很聪明，它们的成虫在产卵之前要先挑选好产卵的有利地点。它们一般会选择新鲜的嫩叶，接着在叶背边缘处选好产卵的地方，先将此处的表皮刺破，再将卵产在刺伤处，产卵处的叶面会呈现出灰白色的小斑点。当潜叶蝇的幼虫孵化后，就开始由叶边缘向内取食，取食的过程中它们会精确地只将叶肉细胞吃掉，而丝毫不会破坏叶片的上下表皮细胞。如此，上下表皮就成了幼虫们的天然保护膜，可以使幼虫在如此薄的空间中顺利长大。被幼虫取食的叶片背面会形成灰白色的潜道，这些潜道弯弯曲曲，由细到粗，随形就势，就像印象派大师的画作一般，不拘一格，记录着潜叶蝇幼虫取食的路线和成长的痕迹。那些被潜叶蝇幼虫作为食物的植物整个植株会变得越来越瘦弱，叶片会不断发黄枯萎以至于掉落，严重的时候会导致整个植株枯萎。我想，潜叶蝇幼虫的画作可能是对植物喂养的唯一回报。

这些曾经我自以为熟悉的世界，还将向我展现多少"前所未知"的惊喜？

我想答案是：无限。

2022-05-22　19～28℃

今天，我们一家三口约上闺蜜一家，一行人重走平王线。

上次来平王线的时候，还是初春时节，山上的很多树都光秃秃的，这次它们已然变换了面貌。路两旁郁郁葱葱，不同层次的绿把这条公路装扮得格外清凉。太阳正好，身边不时经过三三两两徒步的人群，可以看见他们明媚的脸上挂着笑意。

我注意到大部分人单纯只是走路，或者边走路边低头看手机，很少有人会关注身边的植物和它们的精彩世界。而对我们来说，徒步只是附带的，或者说根本就不存在徒步，我们的眼睛像放大镜般一寸寸地扫过每一株树、每一片树叶，以蜗牛爬行的速度前行。多年来，张先生虽受我和儿子影响，但至今对大自然依旧不太有更多兴趣，他在出发前就反复叮嘱我们："记住，我们是去徒步的，我们是去徒步的！我们不是去看虫子的。"而一旦到了目的地，就由不得他了，他也只能走出一段路在转弯看不见我们人影的地方等着，抑或被我们带着发现一些有趣的现象和昆虫，顺便感叹一番大自然造物的神奇。

虽然看似没有受到多少感染，张先生在行动上还是默默地支持着我和儿子的爱好。他平时会不自觉地关注很多自然博物的内容，收藏并购买相关的书籍，在不经意的时候送给我们，他在路上发现某种奇特的昆虫时会拍下照片，与我们分享他的喜悦，他也会无条件地支持我在植物科学画路上的探索……这些已经足够。今天依旧是这样，我提醒自己好好地走一回路，但身体还是不由自主地追随着眼睛，不断地被眼前的惊喜所影响。

每次外出，当我俯身低头之时，总会不经意地与各类昆虫相遇。在地球上至少生活着 1000 万种昆虫，它们形态各异，种类繁多，适应力强，不管是在树枝上、草丛中还是公路边，都能发现它们奇异亮丽的身影。

一路上，我陆续碰到多种蝽类的若虫，它们三五成群地过着集体生活。很多植物的枝条上都有一堆堆的泡沫，里面生活着沫蝉的若虫。到处吐泡沫的沫蝉，背后的奥秘在于：沫蝉在若虫时期的活动能力较差，为了保护自己，它们会利用腹部第 7、第 8 节处的特殊腺体分泌出胶状黏液，这些黏液与身体两侧气门中排出的气体相结合形成泡沫黏在树枝上，如此，它们

得以隐匿其中，安全长大。水沟边有一只长得有点酷的茶殊角萤虫，它的头胸背板呈橘红色，鞘翅闪着蓝黑色的金属光泽，它那两条酷酷的触角就像齐天大圣头上的雉翎，显得威风凛凛，同时也显示出它的性别。仔细看，在它触角的第 8 节处有一个膨大的结节，说明它是一只雄虫。茶殊角萤叶甲是野外较为常见的一种叶甲，比较容易辨认。

我在一株低矮的栎树叶子上发现一种长得像外星物种一样的奇怪生物，我深深地被它吸引。只见它外面罩着一层透明的形似 "UFO" 的盔甲，也像是一只头、四肢和尾巴缩进壳里的透明的乌龟。我猜想这是它进行自我保护的一种手段，于是试着用树枝去触碰了一下它，只见它纹丝不动，身体像是牢牢粘附在树叶上一般。因为透明，它的头、胸、腹可以方便地被观察到。我想它也必定可以从它的护甲当中窥探到外面的世界，或许此时它正屏住呼吸，死死地盯着我这个庞然大物，预测我下一步是否会做出对它不利的动作。那么，它到底是谁？《追随昆虫》中有这段描述："……龟甲的脚掌和壁虎同一原理，并且它可以分泌油脂来增强黏性……龟甲的胸背板边缘透明，它用自己的身体打造了一间结实的阳光房，这样它就能够看清蚂蚁是真的撤退了，还是要要一招引蛇出洞……当危险褪去，或是一觉醒来，它抬高底盘，慢悠悠地伸出腿和触角，散步去了。"[1] 所以，它可能是龟甲吧。

接着，我又有幸遇见了龟甲的幼虫。龟甲成虫长得奇特，相比之下，龟甲幼虫的形态更加诡异。和成虫鲜亮的外表不一样，幼虫披着一件似乎被强风撕扯成无数细碎布条的黑色斗篷，看上去粗犷豪放，但毫无美感，好像也在警告人们："别靠近我，我不好惹！"我对这个造型充满了好奇，这究竟是它们身体上的什么结构？回家后，我通过查阅相关文章得知，这件斗篷竟然是龟甲幼虫拉的屎，龟甲幼虫排便后会将粪便叉起当作自卫的武器。这个结果真是在我的意料之外，也令我哭笑不得。我想象着龟甲幼虫每次拉完粑粑，用力把它们甩到自己背部的情景。这件日积月累形成的完美护卫外套，守护着它们安全长大。

我们还碰到了呆萌可爱的跳蛛。与我之前在水杉林遇到的三突伊氏蛛不同，跳蛛毫不怕生，它瞪着那双乌黑闪亮的大眼睛与我对视。回来后查阅

---

① 杨小峰 . 追随昆虫 [M]. 北京：商务印书馆，2020.

了资料才得知，它是雄性的弗氏纽蛛。从体色上来看，雄性弗氏纽蛛的颜色总体呈深色，以黑和橙为主，点缀少量白色斑；雌蛛整体呈浅色，以淡黄、白色为主，在头胸背上点缀橙色、黑色和褐色，形成漂亮的斑纹，看上去鲜亮、优雅。

后来，我们还在一株植物的叶子上发现了一只昆虫，它有一对长长的触角，很是眼熟，却一下叫不出名。初步判断是天牛科的昆虫，细看下，这只昆虫通身以黑白两色为主色，逆着光可以观察到青绿色的绒毛。它的前胸背板为白色，左右各点缀着一个圆形的黑色斑，好像一对眼睛。它的鞘翅斑纹形成不同的花色斑，每个鞘翅有 3 个黑色大斑，看上去就像穿着一件黑白相间永不过时的时髦大衣。查阅资料后我得知它的名字叫苎麻双脊天牛，因它的寄主植物主要是苎麻而得名。天牛科昆虫是一个庞大的家族，全世界有 2 万多种，它们的体形大小差别很大，它们有咀嚼式的口器，力大如牛，能将树枝锯断，又由于它们善于在天空中飞翔，所以被命名为"天牛"。最为特别的是，它们的触角很长，常常超过身体的长度，形似传统戏曲盔头饰品帽子上的两根翎子。

茶殊角萤叶甲　　双枝尾龟甲　　双枝尾龟甲幼虫　　雄性弗氏纽蛛　　苎麻双脊天牛

昆虫的形态、图案、花纹都很神奇，好像来自外星。这些天才的图案、纹理、配色及身体构造是人类艺术创作的资源库。

今天是收获颇丰的一天。

2022-05-24 至 2022-05-25 　　18 ～ 26 ℃ 多云 空气优

这几天，我忙着整理资料、备课、画画，又有一段时间没去看我的小友了。

小乔的蓇葖果掉落之后，小友身上也有越来越多的蓇葖果变黄掉落。有

些果实虽然还在枝头上，但状态不是很好，渐渐瘦弱偏黄，直至掉落。我看到小乔斜上方的菁荚果位于中上部的那个心皮突出得比之前更厉害了，其余的心皮到目前为止还没有太大的变化，希望能看到它顺利长大直至成熟。

　　下午毕业班拍毕业照，我利用等候的间隙去文科楼下的小花园转了一圈。我翻开一片含笑叶子，在它的背部欣喜地发现了一群围着卵壳排列成圆形的小虫子，初步判断为某蝽。我不止一次在朋友圈或者书上看到过它们，但是如此近距离的观察还是第一次。只见它们的身体橙黑相间，头胸部呈黑色，背部底色是橙色，横向黑色斑纹的排列令人联想到八卦图。它们的头部朝内整齐安静地围成一圈，有 3 只因空间不够被挤在外圈，还有 6 只趴在卵壳上面。卵壳呈洁白色，晶莹剔透，犹如一颗颗珍珠。卵壳顶部可见一个圆形的盖子，很难想象这些现在看上去个头比卵壳大几倍的家伙就是从这里出来的。咨询了翅膀老师，最终确定它们为茶翅蝽若虫。

茶翅蝽若虫

　　为了更方便观察，我把这片含笑的叶子摘下来，放在一片苎麻叶子的正面，正当我沉醉在欣赏它们的精妙结构之时，看到一个灰色的带触角的脑袋从苎麻毛茸茸的叶柄上冒出来，随着它继续前行，慢慢地像拖油瓶似的拖出另一个带触角的家伙。它们屁股对屁股地粘在一起，原来是陷入热恋期的一对暗黑缘蝽。前面体型稍大这只应该是雌性，后面体型较小的应该是雄性。它们慢慢地爬过苎麻叶，爬上茶翅蝽宝宝所在的含笑叶片，然后完整地从茶翅蝽若虫们身上碾过，爬过去之后还回过头来侦查了一番，再爬走。而茶翅蝽宝宝就像什么也没发生，依然排列的整整齐齐，丝毫没有乱了阵脚。

从茶翅蝽身上碾过的暗黑缘蝽

短暂的停留，自然就给我以丰盛的礼物，我的内心充满感恩与满足。

2022-05-26　17 ～ 26℃ 多云 空气优

这段时间我的昆虫缘特别好，只要有植物在的地方，即便是随意停留，都能与昆虫不期而遇。或者说，因我对自然的观察更加细致深入了，大自然才更为慷慨地向我展现出它那无限的精彩来。

儿子的手腕骨折，在等待拍片结果的间隙，医院绿化带附近成了我们临时观察的场所。眼尖的儿子发现一只蚂蚁拖着比自身重几倍的某甲虫翅壳，好像在海上缓慢移动的帆船。在我的直觉中，蚂蚁应该用后腿拖着猎物向前走，而实际所见刚好相反。只见这只小蚂蚁用嘴部咬住某甲虫的翅壳，身体使劲往后退，一心一意，锲而不舍地移动着。在它忙碌着的时候，身边时而路过个头比它大很多的兵蚁，在它们相遇的时候，彼此用头部颤动的触须互相致意，只做短暂的停留就马上离开。大家似乎都很忙。

卖力工作的小蚂蚁

令我很疑惑的是，蚂蚁拖着甲虫坚硬的翅壳到窝里用来干吗？用作食物吗？这么硬根本没法下口。那么，是用来坚固蚁窝的吗？极有可能。我在网上看到类似的一个问题"蚂蚁为什么会把我剪掉的指甲拖进洞里？"，这个问题的答案解答了我的疑问。原来不同属别的蚂蚁都有利用"建材"筑巢的习惯。蚂蚁筑巢的"建材"较为丰富，包括树枝、泥土、树叶等，甚至包括昆虫的残肢鞘翅之类的材料，这些都可以用来改造巢室，使巢室满足适当通风、温度和四周无棱角的要求而变得更加舒适。

告别蚂蚁，我们将目光投向绿化带外围那排低矮的南天竹，一眼看过去没有任何异样。凑近了细看，一个热闹非凡的世界便呈现在我们眼前。我发现很多像外星物种一般的东西吸附在南天竹细细的枝条上。它们有着非常奇特的造型，身体的那部分结构就像是通过模具挤压出来的一截奶油冰激凌。在这截"冰激凌"的上半部是它的头胸部吗？这个部位的底色呈现橙黄色，表面附着着一层白色的粉末。我区分不出它们的身体结构。哪里是头？哪里是眼睛、嘴巴？哪里是腹部？它有没有足？在我的脑海里出现很多疑问。

咨询了夏艳老师，经过讨论我们初步判定它们是蚧壳虫属的昆虫。进一步查找相关资料，确定它们为吹绵蚧，而我所观察到的这种又可以归属到柑橘吹绵蚧。我借助网络查询了柑橘吹绵蚧的形态特征，将网络资料看了好几遍之后，我试着对它的身体部位进行了标注（如下右图）。

一只蛞蝓从这坨奶油"冰激凌"上慢慢爬过

试着进行的标注

晚上，我步行去学校超市给儿子买西瓜。往回走到风则江上的传信桥东北面桥头的时候，我停下脚步驻足观察。在这里，一条沿江的道路从传信桥下自南向北穿过。这条路上种了一排无患子，其中有一株无患子伸展着枝条冒出桥面，刚好为我观察它的花果提供了绝佳的视角。往年从花苞、盛放到结果，我对无患子每一个阶段的观察都进行了详细的记录。眼下，又到了无患子花陆续盛开的季节。

在路灯下，我看到无患子圆锥形顶生复总状无限花序上一些细细碎碎的小花正在开放，大部分还是圆鼓鼓的球状花苞。无患子的花在开放的同时也陆续开始掉落，每当花季，无患子树下就会铺上一层或薄或厚的金黄地毯。我象征性地拍了几张无患子花的照片，镜头由远及近，这时我发现花柄上有一些异样。

我看到一个类似小虫子一样的生物，趴在花柄上，看上去像是一个水滴状的背壳。背壳上有六七条横向的褶皱，上半部分灰白色，两边各有一排小黑点；下半部分的结构似乎是透明的，隐约可见里面的结构。自此，一个精彩而忙碌的世界渐渐呈现在我的眼前。我又陆续在树叶上发现好几个类似的灰白黑颜色的"小虫子"，还有的颜色是橙黄黑相间的。我并不知道它们是什么，暂且先将它们认定为瓢虫的一种。

无患子树上的小虫子

接着，我又在叶子上、花柄上发现很多忙碌的小虫子。这些家伙虽然整体形态差不多，身体也都由头、胸、腹三部分构成，分别有三对足，但细看它们足的颜色，却都不一样，有的是纯黑色的，有的是土黄色的，虽然整个身体的底色都呈黑灰色，但是身上的花纹都不一样。这时的我并不知道它们就是瓢虫的幼虫。除了这些小虫子，我还发现一对热恋中的瓢虫。带翅膀的蚜虫时不时从它俩身边大摇大摆地经过，有时甚至挑衅地爬到它们身上。蚜虫们是知道最危险的地方也是最安全的地方，还是知道它俩现在无暇顾及？不过，还是得小心啊！

热恋中的瓢虫

关于瓢虫，我以前只粗浅地了解过半圆球状、亮晶晶、背甲上有不同点点、颜色各异的可爱瓢虫成虫，记忆里较为深刻的是儿子小时候给他讲的关于七星瓢虫吃蚜虫的故事，于是我先入为主地以为瓢虫一生下来就是这个模样。虽然是在乡下田间长大，我却对瓢虫没有任何的概念和记忆，现在想来都觉得有点神奇。

2022-05-27 至 2022-05-28　18 ～ 23℃ 多云 空气良

5 月 27 日这天，我和彭老师一起与学生们探讨 2023 届的毕业设计选题，初步确定为校园景观优化设计。我们带着学生走了一圈河东老校区，准备以植物为主题，以二十四节气为基础，选出 24 景，将植物文化及特点进行总结和提炼，在此基础上进行设计实践和转化的尝试。

5 月 28 日傍晚，我在去食堂的路上，又拐去桥头查看了无患子上的花序和叶柄上的那些造型奇特的蛹。之前的蛹有些已经羽化，只留下一堆干巴皱缩的蛹皮。为便于观察，我将前天晚上发现的一只灰白、一只橙黄色的蛹带回了家。灰白黑点的那只蛹像是一只涂了白色奶油的面包，而橙黄黑点的蛹就像刚出炉烤到金黄酥脆的面包。

2022-05-29　20 ～ 27℃ 小雨 空气优

今天一早起床的时候，我就发现昨天带回家的灰白色蛹里的瓢虫已经出来了。我以为从灰白色蛹里出来的瓢虫体色跟蛹的颜色应该会一致，但实际上颜色差别很大。

这只从蛹里出来不久的瓢虫的背甲边缘一圈为黑色，背甲的底色为橙色，一条纵向和一条横向的黑色带将整个背甲分成 4 个区块，构成一个大的波浪状的、黑色的"十"字形。它应该是在半夜里出来的，因为此时它背甲上的斑纹已经清晰可见，但总体颜色还有点嫩。这只瓢虫几乎用了一整天的时间来休息，时不时地打开光泽度越来越好的背甲，抖开那轻盈的羽翼，但并不飞，似乎就是打开来晾晒或是炫耀一下，接触空气吹吹风，然后就快速收回。它在竭力使自己身体的各部分都变得强健。到了晚上 6 点 38 分的时候，我观察到这只瓢虫开始津津有味地吃它的蛹壳。我以前养过很多次玉带凤蝶的幼虫，对于凤蝶幼虫吃自己蜕下的皮的场景已经很熟悉，但这还是我第一次亲眼看见瓢虫成虫吃自己的蛹壳。看来虫们早就深谙"肥水不流外人田"这个道理了。请教杨老师之后我得知，这只瓢虫为六斑月瓢虫（四斑形）。有点遗憾，我错过了它刚从蛹里出来的样子。

吃自己蛹壳的瓢虫　　　　　　　　　异色瓢虫展翅瞬间

　　随着观察的深入，我发现在以往的人生中，似乎从来没有真正认识过瓢虫，即使了解也是断章取义、片面的。直到现在，我才对瓢虫渐渐有了一个比较全面、系统的认知。5月26日晚上我在无患子上看到的蛹，一开始以为是瓢虫，当时还想这种瓢虫怎么这么奇怪，趴在那里一动也不动？咨询了小峰老师，才了解到我所观察到的奇怪生物是瓢虫的蛹，而位于蛹顶部的那堆刺状物是末龄幼虫化蛹的时候蜕下的皮，经过推挤叠在一起。这堆幼虫蜕下的皮，有些会一直留存在蛹的顶部，有些则随着时间的推移自然脱落。

　　而当我知道那些是瓢虫的蛹之后，我又一度以为瓢虫的幼虫是从这个蛹里面出来的，顺序完全颠倒了！到目前为止，我在短短的几天内观察到了瓢虫的幼虫、蛹、成虫几个不同阶段，唯一没见着瓢虫的卵。等待下次的遇见。

　　中午我去了工作室，又顺路去看了小友。我发现玉兰树上幸存的蓇葖果越来越少，我现在追踪观察的那个蓇葖果目前状态还不错，它那个突出的心皮比之前又大了一圈，但是其余的心皮似乎都没有变化。虽然小乔及蓇葖果都不在了，但我依旧持续对它的叶子进行着观察。这次，当我翻开叶子底部时，就看到一个有着光洁纯黑背甲的瓢虫，黑色的底子上左右各点缀着一个鲜红的圆点，非常好看。我无法确切知道它的具体名称。小小的瓢虫却有着庞大的家族，不容小觑啊！

　　下午去学校超市，我又经过那株桥头的无患子。短短几分钟时间的停留，又让我发现好多惊喜。我看到一只背甲橙色的瓢虫，它背上黑色的点密密麻麻。我想数清黑点的数量，但它在不断地爬动，数得我眼花缭乱，好不容易拍到一张左边较清晰的图片，一共有 9 个点，两边加起来就是 18 个点。难道是十八星瓢虫？不敢确定，于是我又去咨询了翅膀老师，得到的回复是"异色瓢虫"，因为它那因牙痕造成的高光明显。"牙痕"又是什么？群友里四川广汉的蒲公英马上建议我去查阅翅膀老师《追随昆虫》中"异色瓢虫的家族徽章"这部分的内容。①细细拜读之后，我不禁为翅膀老师细致入微的观察以及诙谐幽默的文字深深吸引，由此也明确了异色瓢虫的识别特点。

瓢虫前胸背板的斑纹在我看来与京剧当中的丑角（又名"三花脸"或"小花脸"）有相似之处。丑角是京剧的主要行当之一，包括文丑和武丑，武丑又称开口跳。文丑分为官文丑、方巾丑、茶衣丑、巾子丑和彩旦，特点是在鼻梁中心抹一个白色"豆腐块"，用漫画的手法表现人物的喜剧特征。只不过丑角的白斑位于脸部正中，而瓢虫前胸背板的白斑块则分置在两侧，但是猛一看还是有几分相似的。

瓢虫的前胸背板斑纹

2022-05-30　21 ～ 29℃ 阴 空气良

为了不错过第二只瓢虫刚从蛹中出来的样子，这几天上班的时候，我都带着橙黑色的瓢虫蛹去工作室，下班的时候又带着它回家。除了晚上睡觉外，白天我一直把它放在显微镜下，边做事边时不时地瞅它几眼，时刻关注着它的状态。

---

① 杨小峰 . 追随昆虫 [M]. 北京：商务印书馆，2020.

2022-05-31　23～29℃ 阴 空气良

　　橙黑瓢虫蛹大部分时间都很安静，有时候甚至看不见它有任何微小的动静，就像是一个毫无生命的东西放在那里一样，不禁让我担心它是否仍旧安好。因为翅膀老师说过，有些瓢虫蛹在羽化的过程中会出问题。或许是对我的担心做出回应，它偶尔也会触电般地翘起它的整个身体，然后慢慢恢复到原来趴着的样子。翘起身体的支点是末龄幼虫蜕下皮的地方，仔细查看，这个点和瓢虫蛹的尾部结合，牢牢地将蛹固定在树叶上，风吹雨打也不会脱落。有时，我可以看见橙黑瓢虫蛹的蛹壳微微地起伏，就像是我们呼吸时的肚皮鼓起来再瘪下去，也像宝宝在孕妈妈肚子里有节奏地呼吸，让人感觉安心。

　　今天上午我带着儿子去医院复查了手腕，下午去学院办了退税，顺便处理了一些教学上的事，忙了一整天。到家时傍晚5点多了，煮上饭，我正准备洗菜做晚饭，儿子急切地喊我："妈，你快过来看，瓢虫从蛹里出来了！"我赶紧放下洗了一半的菜，跑过去看刚从蛹壳里出来不久的瓢虫。只见它静静地趴在自己的蛹壳上，整个背甲呈鲜嫩的明黄色，不掺杂任何杂质，乍一看，犹如一块小指甲盖般大小柔软的奶黄蛋糕。它的头胸部呈黑色，左右各有一块白斑。

　　瓢虫在蛹壳上待了好大一会儿，似乎从里面出来已经耗尽了它的大部分精力。慢慢地，瓢虫不太灵活地离开它的蛹壳，在很近的周边散了一会儿步，然后又重新爬到蛹壳上，似乎知道这是它蜕变之前来时的地方和安全大本营。瓢虫第一次尝试舒展开它的翅膀再慢慢收回，花了一个多小时。随着时间的推移，瓢虫嫩黄色的背甲开始变得坚硬起来，颜色也由原来的明黄色慢慢转暗，这个转变用了好几个小时。最后，它终于变成一只又酷又帅的成虫。

刚出蛹壳的瓢虫　　　　　　　　慢慢变得强壮的瓢虫

2022-06-01　22～30℃ 小雨 空气优 儿童节

今天，儿子请假在家画他的元气骑士，我整理资料。

昨天出来的瓢虫一直在休养生息。这期间，它时不时地像忙碌的扫地机器人来回爬一阵，大部分时间会回到它的蛹壳上面或边上继续一动不动地待着，这时的它就像睡着了。有时它也会在显微镜上找个自以为舒适的地方发一阵呆。它的活动范围很小，大部分时间就在蛹壳附近 10 厘米左右的地方，而且每次都能准确找到回家的路，返回到蛹壳边上。在这个过程中，我只看到一次它展开翅膀进行短距离的飞翔——从显微镜上飞到放在显微镜上带着蛹壳的叶子上。

到了傍晚的时候，瓢虫开始频繁地在原地撑开它的背甲，展开它已经变成黑色的、漂亮的翅膀做出试飞的样子，然后再收回，就像飞机在起飞前要对各个零部件进行严格的检测，确定它们没有任何问题一样，保证能顺利完成接下来的长距离飞行。而瓢虫需要面对的则是它成为成虫之后短暂却非常重要的生存和繁衍的"虫生"。

吃过晚饭我去外面走了一圈，回来的时候，我在小区的一棵石榴树上发现了很多蚜虫以及不同种类的瓢虫幼虫，于是采了一截小枝条带回家观察。这支小枝上的瓢虫幼虫给我带来了一个表面看着波澜不惊却时刻暗藏玄机的世界。

2022-06-02　23～30℃ 多云 空气优

昨晚带回来的那段石榴树枝上有很多蚜虫，因此也是瓢虫和幼虫出没的地方。我重点关注了其中两条颜色不一样的瓢虫幼虫，一条幼虫颜色以黑白灰为主，我叫它"黑白灰"；另一条幼虫黑色背部点缀着橙色的斑纹，我叫它"两段橙"。带回来不久，"黑白灰"就不吃不喝准备开始化蛹了。而"两段橙"也蜕了一次皮，进入到末龄阶段。

蜕皮后的"两段橙"变得更加生龙活虎，除了抓蚜虫吃外，还不时飞快地爬来爬去。原来瓢虫的幼虫和成虫一样闲不下来，行动起来从不拖泥带水。两天前羽化的那只瓢虫也来到带回的这段石榴枝上停留了一阵，最后它突然快速地爬动起来去欺负"两段橙"，在"两段橙"被冒犯后还在原地发

愣没来得及反应的时候，羽化的瓢虫骄傲地打开它那铮亮如镜、左右各带一个圆形的明黄色斑点、底色为纯黑色的坚硬背甲，展开它已经发育好了的、强有力的翅膀抽身飞起，就像是调皮捣蛋的孩子干了坏事后迅速地溜走一般。羽化的瓢虫从我的办公桌一直飞到了窗外。再见了，祝你顺利！

而此时的"黑白灰"趴在一片叶子上，露出一大半的身体，尾部被一片叶子遮挡住了，一动不动，偶尔用力地弓起背。"黑白灰"的整个身体有点卷缩起来，使得它看上去比昨天短了一些，而中间部分看上去显得圆润宽大，我想它准备化蛹了。"两段橙"步履匆匆地从"黑白灰"的身旁爬来爬去或者干脆从它身上踩过，但"黑白灰"此时已经无暇顾及了，它只是扭动一下身体以示警告，好像在说："嘿，兄弟，我这么大一只虫在这儿，你倒是看着点啊！现在正是我化蛹的关键时刻，否则别怪我不客气了！"

下午 3 点半左右，我正坐在电脑前查资料，抬头看了一眼化蛹期的"黑白灰"，从手机屏幕里看到它正在剧烈地晃动着身子，我想它是不是要开始蜕皮了？我赶紧凑近细看。这一看却不禁让我倒吸了一口冷气，原来是"两段橙"在"黑白灰"的右侧用嘴部扯着"黑白灰"拼命地甩，"黑白灰"拼尽全身的力气想摆脱"两段橙"，奈何现在它的尾部已经被固定住动弹不得。我赶紧找到镊子，颤抖着手用镊子尖去驱逐"两段橙"，但这家伙凶悍有力，死死地咬着"黑白灰"的身体，正在吸食它的体液。想必"两段橙"不会轻易放弃这到手的战利品。

"黑白灰"受伤之后身体涌出了黄色的液体，我看驱赶不行，开始直接用镊子往外推"两段橙"。意犹未尽的"两段橙"无奈地被扯开，还不断地伸出前足和嘴去够"黑白灰"。奈何我手中这硬生生的"铁家伙"也不是吃素的，牢牢地将"两段橙"阻挡在"黑白灰"前面。这时，"两段橙"开始安静下来，只见它黏着镊子尖不走了，我还以为它是生气到啃我的镊子发泄，后来翅膀老师说它这是在舔舐黏在镊子上的"黑白灰"的体液，原来如此啊！

"黑白灰"被咬之后会不会影响它的化蛹和后期的蜕变？这令我感到担心。为了防止它再一次受伤害，我在"黑白灰"第一次被咬之后用一张纸将它和"两段橙"分隔开来。没想到"两段橙"这狡猾的家伙并没有打算放弃对它同类的残害，又一次趁我不注意的时候咬住了"黑白灰"的另一侧。

我再次将"两段橙"从"黑白灰"身上撕扯开来，但还是慢了一步，"黑白灰"的另一边也受伤了。可怜的"黑白灰"，命运多舛，估计难逃厄运……

经过如此惊心动魄的一幕，我再次咨询翅膀老师："瓢虫幼虫会去偷袭并取食正在化蛹的其他瓢虫吗？这是不是不正常？"翅膀老师回复说："这很正常！"我觉得很无奈，自然界物种内部也会自相残杀，因此，能生存下来是一件不容易的事。

通过这段时间的观察，我发现瓢虫的翅膀展开之后比自己的身体长 2 ～ 3 倍，而且它们的翅膀有两层，外层是有斑点的鞘翅，内层是用来飞行的软膜状翅膀。瓢虫可以自如地开合翅膀，并且在飞行中保持翅膀的力量和硬度。

如此精妙的设计，唯有赞叹。

2022-06-03 至 2022-06-04　24 ～ 28℃ 多云 空气优

6 月 3 日，端午节放假。我在家整理了资料并处理了一些杂事。

6 月 4 日，早上下楼时我发现不知谁的车子停在了狭窄的车道上。我目测了一下，感觉我的车子能勉强倒出去。我坐进车里打开车窗贴着花坛边开始慢慢倒车，楼梯口的橘树叶子就在我的车窗外。一抬头，我看到了一片背面附着大小不一的两片白色斑块的叶子，看上去很眼熟。想起来这不就是翅膀老师介绍过的啮虫丝巢吗？我隐约看见丝巢内部有 4 ～ 5 个白色点状的幼虫，但无法观察到它们的具体状况。

我伸手摘下这片叶子，将它带回工作室一探究竟。显微镜下的丝巢就像是一件精美绝伦的艺术品，那数以万计、密密麻麻、银光闪闪的丝线，纵横交错、有始有终、杂而不乱，并带有一种特殊的节奏和韵律，简直就是杰出的建筑大师设计出来的令人惊叹的作品。我带给学生们欣赏，他们看过之后无不发出惊叹，而后各种疑问在大家的脑海中产生。这个精美的丝巢是由底下的哪一只虫子织成的，还是大家一起合作完成？如果是合作完成，那么有总指挥吗？有设计师吗？有图纸吗？每一个进度该做什么它们是如何知道的？它们是如何分工？如何配合的？……

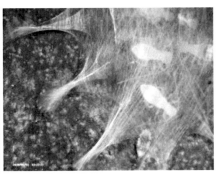

啮虫与啮虫丝网

大自然为人类的衣、食、住、行提供了无限的灵感。某种程度上，自然界中的鸟、兽、草、木、虫、鱼都是我们的老师。

2022-06-05　21～27℃ 阴 空气优

晚上超妈在"观察一棵树"微信群里发来信息："我们的观察已经有序地进行了5个月，现在不用布置作业，大家也可以自己独立观察了。6月，进入夏天，温度持续升高，我们的户外活动相对会少一些。在观察树和树公寓的同时，大家可以进一步了解我们的树，包括以下几个方面：一是关于树的人文方面的作品；二是寻找与树有关的诗歌、故事；三是用树木做的家具；四是讲述自己与树的故事；五是自己记忆里的树和家乡的树；六是树的自然游戏；等等。大家可以参考的书有《造物记》《山楂树传奇》《树梢上的中国》《银杏：被时间遗忘的树种》。接下来我们每个月都会进行线上分享，主要分享主题包括：7月1日自然游戏，8月1日孩子专属分享，9月1日关于树的人文故事，10月1日树上的生态系统，11月1日植物学形态术语专题分享，12月1日观树总结。主题视情况而定，也可灵活调整。"

随着每一个目标的设定，每一个任务的执行，我越来越发觉一群人一起观树的价值和意义，认真跟着走，就可以得到收获和成长。

第十一章
雨充沛，万物生长、其势盛极之芒种

时雨

宋·陆游

时雨及芒种，四野皆插秧。家家麦饭美，处处菱歌长。

老我成惰农，永日付竹床。衰发短不栉，爱此一雨凉。

庭木集奇声，架藤发幽香。莺衣湿不去，劝我持一觞。

即今幸无事，际海皆农桑。野老固不穷，击壤歌虞唐。

芒种，二十四节气中的第九个节气，夏季的第三个节气，干支历午月的起始。

芒种时节气温显著升高，雨量充沛，空气湿度大。

芒种即"有芒之谷类作物可种"的意思。农事耕种以"芒种"这一节气为界，过此之后，种植成活率就越来越低。民谚"芒种不种，再种无用"说的就是这个道理。

芒种分为三候："一候螳螂生，二候鹏始鸣，三候反舌无声。"说的是

芒种一候时节螳螂在上一年深秋产的卵羽化出小螳螂。二候时节伯劳开始在枝头出现，并且开始鸣叫。三候时节，能够学习其他鸟鸣叫的反舌鸟即乌鸫，这时却渐渐停止了鸣叫。

定点观察菁葵果只有一个心皮膨大发育，有点突兀，其他部分基本没有变化。

啮虫织就张拉膜结构的精美丝巢，依成虫体型来定制出入口，抵御外来入侵。

2022-06-06 21 ～ 32℃ 阴 空气优 芒种

芒种一词最早出自《周礼·地官司徒·草人》"泽草所生，种之芒种"，代表仲夏时节正式开始。此时节，北方麦黄，江南秧绿，大江南北进入了"割麦插秧两头忙"的季节。

芒种小友节气照

这个时节，小友的蓇葖果越来越少。现在我观察的这颗蓇葖果状态不错，只有一个心皮膨大发育的它，一眼看上去显得有点突兀，其他的心皮基本都没有变化。自从花开过后，小友明年的花芽也已经悄悄开始孕育，而此时花坛里麦冬低垂的花苞看上去有点羞涩，含苞待放。

2022-06-07 20 ～ 30℃ 阴 空气优

今天下楼的时候，我在枇杷树叶的正面又发现两个绝美丝巢，它们薄薄的，大小不足 1 厘米，不仔细看根本发现不了它们的存在。这种虫子织网的手法和啮虫比起来随意很多，不过同样也很精美。我看到虫妈妈在网下产有 20 颗左右的卵，而它自己则放心离去。

　　我把这两个丝巢带回办公室，放到显微镜下细细察看。只见丝巢下的卵就像一个个金疙瘩，闪烁着金黄色诱人的光泽。寻求翅膀老师的帮助，他回复："这是织帐篷的啮虫的卵。"这个答案和我预想的不谋而合，只是目前我还不太明白为什么同一种啮虫织的网在形态上有如此大的区别。翅膀老师接下来的回复为我揭开了谜团的另一层面纱："它们都是由同一种啮虫，也就是广狭啮织的网，只是自己住的网和保护卵的网在织法上不同而已。"

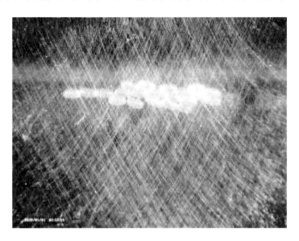

啮虫卵巢

　　我终于恍然大悟。啮虫成虫为了更好地生存，同心协力织成结构复杂、张拉膜结构的精美丝巢，这个丝巢通向外界的出口多达十几个，方便数量众多的啮虫成虫随意出入，出入口的尺寸根据啮虫家族成员的体型定制，如此可以抵御外来者的入侵。啮虫成虫给啮虫宝宝准备的丝巢则比较低矮，它们通常会选择叶片自然形成的微小的凹陷处，比如叶子中脉下凹的地方。成虫在这些地方产好卵，拉出和叶面相平的丝线网，这个网几乎看不见有明显的出入口，这样织成的网给啮虫卵提供了一个安全、通透的避难所，就像是细心的啮虫妈妈为啮虫宝宝盖了一床轻柔、透气的高级丝绒被，保护着啮虫幼虫顺利出壳。

　　2022-06-08　21～29℃ 阴 空气优

　　今天到工作室的时候，我发现上次带回来的啮虫卵孵化成功了，所以，我看到幼虫了。

原来一开始我看到的金灿灿的颜色，是卵里面啮虫幼虫的颜色，等幼虫从卵里出来之后，卵壳就变成了几乎透明的纯白色。一开始啮虫幼虫嫩黄色的身体几乎是透明的，慢慢地，颜色加深变成土黄色。

啮虫，俗称书虱，属于不完全变态昆虫，有咀嚼式口器，复眼发达，有细长丝状的触角，没有尾须，植食。啮虫中有不少种类过的是独居生活，但也有一些是群居的，比如树皮虱，它们常常在大树的树干上织出一层丝网，保护大家庭不受伤害，这与我之前的推断相符。

还有一点也印证了我的猜想，那就是啮虫虽然长得很小，但也和鸟儿一样会为孩子筑巢。啮虫的身体里有纺丝腺，能吐丝并织成薄膜，它们的孩子就可以栖息在这层松软的薄膜里，免遭捕食危害。啮虫高超的织网技术令人惊叹，它们未经设计却织出精妙的丝网结构，即使是最优秀的设计师也会对它们赞不绝口。

2022-06-09 至 2022-06-11　22～32 ℃ 阴 空气优

6 月 9 日一早，我在晒着的袜子上发现一只刚从蛹里出来不久的瓢虫。最近我频繁在家里发现刚出蛹壳的瓢虫，看来我的虫缘不错。这段时间，我注意到厨房窗口那株有 5 层楼高的香椿树在枝顶开了一簇香椿花。这在城市中难得一见。

6 月 10 日，我观察到 6 月 8 日孵化出来的啮虫幼虫从原来的丝巢中集体出游，另寻地点开始织造新的张拉膜结构丝巢。这群原本聚在一起的啮虫幼虫，现在组成了 3 个新的群体，它们分别在 3 个不同的地方织了 3 张新的网，开启了它们生命的新阶段。

6 月 11 日，我看到啮虫幼虫网的规模比起 6 月 10 日变得更大。不过在我观察的这段时间里，啮虫幼虫织网的进展非常缓慢，看上去它们几乎不作为，大部分时间都一动不动地待着，偶尔一只蹿动一下，扰得大家一阵纷乱，但马上又进入"入定"的状态。网被错落张拉分成好几层，因为观察不到啮虫幼虫织网的过程，我自然也就不能观察到它们的纺丝腺在哪里，也依然无法了解它们是如何来织起这错综复杂的网的⋯⋯

神奇的大自然啊，我用一辈子也探索不够！

2022-06-14 至 2022-06-15　22～31℃ 多云 空气优

6月14日，全国各地的朋友一起欣赏了超级月亮。

6月15日，群友蒲公英和紫叶分别发来图片，她们观察的玉兰第三次开花了。这令我感到有些迷惑。

欣喜之余，大家不禁思考，二乔玉兰一年到底能盛放几次？影响开花次数的环境和因素又有哪些？这个时节开花的玉兰花苞不需要越冬，还需要芽鳞来保暖吗？它们和越冬的花苞有什么不同？

细心的蒲公英将目前大家对二乔玉兰开花的观察进行了总结，形成了一个清晰直观的横向对比资料：

5月23日，广东深圳杜英观察到二乔有花苞萌发；

5月26日，四川广汉二乔开花；

5月29日，重庆肖祖讯观察到玉兰开花；

5月31日，广东深圳杜英观察到玉兰花谢了，没有果实；

6月3日，浙江紫叶观察到玉兰开花；

6月6日，四川广汉5朵玉兰花凋谢，没有果实；

6月15日，四川广汉玉兰第三次开花，浙江宁波紫叶观察到玉兰开花。

随着观察的深入，群友们慢慢发现我们实际观察到的植物并不一定完全和植物志中所描述的一样，或者大体一样，但也有一些细节的差别。《中国植物志》就像是准绳，但相同地域或不同地域的同种植物间多少还是会有差异，明白这个道理就不会陷入教条主义之中，这也正是观察的意义。

2022-06-16　23～32℃ 多云 空气优

我所居住的小区和被拆除之前的文理幼儿园之间隔着一道铁栅栏，铁栅栏连着小区的变电房，在变电房的墙根处有一株粗壮的、盘根错节的凌霄花，它的枝条缠绕着栅栏一直爬到高高的变电房顶。每当开花的时候它就像橙色的瀑布一般倾斜而下，美艳壮观。今天我从这里路过，发现这株凌霄花的老根还在，但茎枝大部分被截掉，变电房白色的墙体上留下许多清晰可见的凌霄花气生根的痕迹。留下的不多的几条花枝，依然在属于它的时节倔强地绽放。我取了其中一朵形态完整优美的凌霄花，进行了解剖观察。

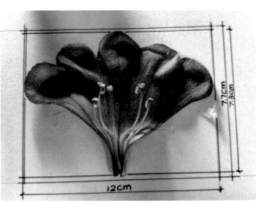

凌霄花　　　　　　　　　　解剖后的凌霄花

《诗经》中有对凌霄的记载，当时人们称凌霄为"陵苕"，"苕之华，芸其贵矣"说的就是它。凌霄是攀援藤本植物，茎木质，表皮常常会脱落，变成枯褐色。凌霄利用其气生根攀附于墙面、栅栏、矮墙等他物之上。

凌霄花的花序为顶生疏散的短圆锥状，花序轴很长，达到 15～20 厘米。我仔细观察带回来的这朵凌霄花，只见它就像一个小喇叭，花萼呈钟形，裂片披针形，分裂至中部。它的花冠靠里一面呈鲜红色，外面呈橙黄色。花冠有 5 个半圆形的裂片，上面 2 片，下面 3 片。我用解剖刀从顶上对凌霄花进行了解剖。打开之后，凌霄花的雌蕊和雄蕊完整地呈现在我眼前。凌霄花 4 枚雄蕊的下半部着生于花冠筒近基部的位置，上半部悬空。我看到凌霄花的花药已经成熟，花粉呈黄色。从花药打开的样子可以清晰地看到花丝和花药的连接方式为"个"字形。凌霄花雌蕊的花柱笔挺细长，呈线性，柱头看上去扁扁的，有 2 裂。

我以往观察到的凌霄花花冠筒的部位常有被咬穿形成孔洞的痕迹，而我今天能遇到这样带有完整花冠的凌霄花实在难得。我也经常看到很多蚂蚁在凌霄花里外爬来爬去，那么，这些洞是它们咬的吗？我还看到凌霄的枝、叶、花、芽上有很多蚜虫，这时我突然就明白为什么蚂蚁那么喜欢拜访凌霄花了，它们不仅是为了吸食花蜜而来，更是为了享受蚜虫分泌的蜜露而来。

2022-06-17 至 2022-06-20　　21～33℃ 多云 空气良

这几天我和彭老师一起着手指导学生如何将植物作为设计的媒介进行

校园植物的设计转化工作。我将观察经验进行分享，使学生学会从哪些角度去观察植物，并带着学生了解植物，使他们从植物的奇特构造、生存策略等方面得到灵感和启发。将观察成果应用到专业和实践中，是对成果的巩固和拓展。相信这一定是一项有意义的尝试。

在那条种着一排郁郁葱葱无患子的小径尽头，田径场上的学生正在军训；再远看小友，它像是披着绿色的战袍，极尽繁华；而那些技艺高超的丝网织造师——啮虫，把网织在深山含笑的树叶上，织在桂花的树叶上，织在芸香科植物的树叶上，就像撑起了一片片丝网的天空，尽情狂欢。

芒种结束，夏至了。

第十二章
炎夏至，阴生阳衰、高温潮湿之夏至

夏至避暑北池

唐·韦应物

昼晷已云极，宵漏自此长。未及施政教，所忧变炎凉。

公门日多暇，是月农稍忙。高居念田里，苦热安可当。

亭午息群物，独游爱方塘。门闭阴寂寂，城高树苍苍。

绿筠尚含粉，圆荷始散芳。于焉洒烦抱，可以对华觞。

夏至，二十四节气中的第十个节气，夏季的第四个节气。

此时，北半球各地的白昼时间达到全年最长。当日也是北回归线及其以北的地区一年中正午太阳高度最高的一天。

夏至是古时民间"四时八节"中的一个节日。自古就有在夏至拜神祭祖之俗。

气温高、湿度大、不时出现雷阵雨，是夏至后的天气特点。

夏至分为三候："一候鹿角解，二候蝉始鸣，三候半夏生。"说的是鹿

的角朝前生，属阳，而夏至日阴气生阳气始衰，所以阳性的鹿角开始脱落，而麋属阴，所以在冬至日角才脱落。二候时雄性的知了在夏至后感到阴气之生便鼓翼而鸣。三候时喜阴的药草半夏开始出现，说明在炎热的仲夏，一些喜阴的生物开始出现，而阳性的生物开始衰退。

玉兰树的叶子与枝条已经长好，为数不多的蓇葖果生长缓慢，来年的花苞已在孕育。

深山含笑蓇葖果掉了一地，它们静静地躺在泥土里。生命荣枯，时刻上演。

2022-06-21 25 ～ 33℃ 阴 空气良 夏至

教学、科研、画画、观树、思考、记录，令我每天都忙得不可开交，但内心感觉安宁且充实。

夏至节气照

夏至时节，深山含笑菁葵果掉了一草地，鲜少有成熟的。一开始长得最欢的是它们，现在掉的最欢的也是它们。世界如此美丽，它们曾来过，努力绽放，安心离去，回归大地……用它们来做夏至的节气照也不错。

我看到小友的叶子长好了，枝条也长好了，新的花苞也正在孕育，少数的菁葵果生长缓慢。如果没有二次开花，我的小友将会在很长一段时间里保持目前的姿态。

2022-06-22 至 2022-06-23 26 ～ 33 ℃ 多云 空气优

6 月 23 日，我从河西南进校，顺路去看了风则江边上的那几株玉兰。

这个时期玉兰毛茸茸的花苞隐藏在葱郁繁茂的叶子之间，此时能被方便地观察到的芽鳞是花苞的第一层毛绒外衣。我注意到这层芽鳞大多会连着一片发育完整的叶子，当它掉落的时候就和我在五指霸兰下捡到的"鸭鸭"一样。我看到此时玉兰树枝叶腋的小芽已经开始膨大。在一片玉兰树叶的背面，我还发现了一堆麻皮蝽的卵壳，只见 12 个卵壳排列成一个圆形，那

些白色的透明瓦罐状的卵壳顶部的小盖子已经全部打开。曾经有一群麻皮蝽宝宝住在这里，现在它们各奔东西，早已不见踪迹。

到了工作室楼下，我看向小友和它的邻居们，脑海中浮现出它们早春花季时的姹紫嫣红和深秋叶色转换时的绚丽多姿。初夏和深冬，它们基本都变成一个色调，只不过一个是绿得丰盛，深深浅浅；另一个是灰得大气，暗藏生机。

2022-06-24　26～34℃ 阴 空气优

对于无患子边上的那几株玉兰，在花期我对它们有过较多的关注，等它们花开过后就只是路过打个照面了。

今天去人事处办事，再次从它们的身边走过时，我不禁停下脚步，围着它们细细端详起来。它们分属于三个不同品种的玉兰，两株靠近路边的是二乔玉兰，一株隐在二乔玉兰身后的是白玉兰，还有离这三株玉兰稍远一些的那株是望春玉兰。此时，这四株玉兰和小友一样，远远看去没有很大的区别，除了绿还是绿，还有就是在花枝顶端若隐若现的新花苞了。

我先粗略扫了一眼靠近路边的这两株二乔玉兰，它们和小友差不多，顺利发育的蓇葖果寥寥。从"观察一棵树"群里全国各地树友的分享中也可以得知，玉兰花虽然开得多，但是雌蕊真正发育成熟的却很少，它们中的很大一部分在开花之后的一段时间内会陆续脱落。

我思考的是，不同种类的玉兰结实率差距大吗？有哪些因素会影响结实率？心里想着这些问题，我将目光从二乔玉兰身上收回，不经意地瞥了一眼藏在里面的那株白玉兰，似乎没发现什么异样。但当我定睛看的时候，它所呈现的景象却令我眼前一亮，整个人的精神也为之一振。

白玉兰树上巨大的蓇葖果像一串串绿色的葡萄挂在枝头，长势喜人。几乎每一个蓇葖果的心皮都得到了完美的发育，它们牢牢抓住了我的眼睛，令我挪不开眼。蓇葖果浑身绿色，且淹没在树叶里，如果不细看，完全会忽略掉它们的存在，它们就那么乖巧地挂在枝头，那么地生机盎然。从3月玉兰开完花到现在，蓇葖果静悄悄地长了3个多月，我是有多么迟钝，到现在才惊讶地发现它们的存在！我没有带尺子，于是用手粗略比了一下，有一个完整的蓇葖果长度超过大拇指和中指完全张开的长度，估计有20厘

米。也有个头长的比较小的菁荄果，但是与小友的菁荄果相比，也已经是较为难得的了。这株白玉兰的菁荄果之所以令我震惊，一是因为它的结实率在我所能观察到的校园玉兰中是占绝对优势的，它不仅结实率高，长势也特别好；二是因为在菁荄果这漫长的长成过程中，我竟然没有一丝觉察，等我发现它们的时候已经是 3 个多月之后的今天，足以说明视而不见或不够细心会错过多少的细节和精彩。

掩藏在绿意中巨大的菁荄果

大自然又好好地给我上了一课。它是一个宝藏，越深入探索就越有意思。这几天，厨房窗外那株香椿的花期基本快过了。

2022-06-25　27 ～ 34℃ 多云 空气优

我在水漾桥玉兰树叶上及地上发现很多蝉蜕；我关注的小友的那个菁荄果依然很小，不仔细看根本发现不了；这段时间，无患子陆续结果，但我发现它们今年的结果率很低，一个巨大的圆锥花序上留下的果实寥寥无几。

总是提到无患子，今天我想专门来写写它。

我在前面的观察中多次写到通往河东田径场的小径旁那排高大的无患子。在今年"观察一棵树"活动之前，我对无患子其实已经有多年的观察。我关注无患子一年四季的变化，看着它开花，看着它结果，看着它叶子变黄，看着它掉落，由衷赞叹它在雪中的样子，和我现在观察小友一样，只是一直不曾用文字对它进行过记录。

校园小径边上无患子一年四季的美景

无患子，在不同的地方有不同的名字，有叫它黄金树的，有叫它肥皂树的，也有叫它洗手果的，还有叫它鬼见愁的。有这么多不同的名字，跟无患子的花、叶、果实的颜色、形态等息息相关。

塔山上的无患子　　　　　　　　无患子花

每年到了冬天，无患子的树叶就会变成耀眼的金黄色，看上去熠熠生辉，所以它有"黄金树"之称。

无患子在有些地方又被称为"鬼见愁"，这和无患子的名字有关。中国的文字很有意思，无患子的"患"字，拆解开来上半部分是"串"字，指的是"穿在绳子上面的一组东西"；下半部分是"心"字。"串"和"心"组在一起，指的就是把穿在绳上的一组东西放在心上面悬挂起来，令人担心，让人提心吊胆，所以"患"字指的是"不好的东西"，是"祸患"和"祸害"。而相传用无患子的木材制成的木棒可以驱魔杀鬼，种了这种树可以保平安，可以"无忧无患"，所以把它称为"无患子"。这个名字里就透出了满满的吉祥、安宁、幸福和温暖，这就是为什么在很多地方也把无患子叫作"鬼见愁"的原因。

无患子的另外两个名字"肥皂树"和"洗手果"，就和它的"果实"有关了。无患子和龙眼荔枝同属无患子科，结果特性也基本相同。一串串的无患子果实，看上去很像桂圆，但和桂圆不同的是，无患子的果实没有灰色的果皮，而是包了一层金黄透明的假果皮。把它拿到鼻子下闻一闻，感觉有股酸酸的味道。

无患子是落叶大乔木，每年 6 ～ 7 月开黄花。据我观察，无患子开花的时间也并不固定，根据不同的气候会有所差异。无患子开花时，巨大的圆锥花序上长满了细细碎碎、密密麻麻的小花，但大部分都会脱落，因此在无患子开花的季节，会在树下落满厚厚一层无患子花，就像铺了一块由金黄花朵织成的地毯。凑近看一朵无患子的小花，像一把圆圆的毛刷。花开过后，无患子的幼果开始生长。

接近成熟时的果实肥肥的，很可爱，一个大球上还有两个"耳朵"，看起来像缩着身子的小兔子。这两个"耳朵"是果实的什么结构呢？这就与无患子果实的发育有关。无患子花朵的子房分为三室，在发育的过程中，这三个部分会发生激烈的竞争。从下面的图片中可以清楚地观察到，一开始三室子房势均力敌，慢慢地，其中最厉害的一个会夺取更多的养分，日益膨大，同时将另外两室子房往两边挤，最后往往只有这个能获胜并最终形成果实。而失败的那两个没有长成果实的部分，逐渐干瘪，最终变成下面最右图箭头所指的模样。但也有例外，我曾经观察到有两室都发育得很好的果实，偶尔也有三室都发育成功的，但还在少数。

不同阶段无患子果实的不同状态

成熟以后的无患子果实，其果皮接近半透明，假如逆着光去观察它，可

以看到它的果皮里包了一颗又黑又大的种子。把无患子果实用手剥开，可以闻到更加浓郁的菠萝气味。剥过无患子果肉的手会感觉很黏，如果再加点水搓一下，会搓出来很多的泡泡，就像我们洗手用的肥皂和洗手液加水搓过后看到的泡泡一样。因为无患子的果皮里含有皂素，这种皂素可以用来制取洗涤剂。在以前还没有肥皂的时候，老百姓可以收集无患子的果实来制作洗涤剂，用来洗衣服、洗碗、洗头发、洗澡等。我曾经捡了很多无患子果实用来做洗发液，体验之后，除了洗完之后感觉头发有点涩外，其他感觉都还不错。这就是把无患子称为"肥皂树"和"洗手果"的原因。

　　把无患子果皮剥掉以后，可以看到里面黑色的种子。无患子的种子非常坚硬，且富有弹性。无患子的种子也是"菩提子"之一，可以用来制作手链。

　　无患子不但是美丽的绿化树种，而且浑身都是宝。在日复一日年复一年的观察中，无患子也早已融入了我的生活，感谢有它陪伴的一年四季。

2022-06-27 至 2022-06-30　28～35℃ 阴 空气优

　　6月27日，我带着儿子去拆石膏，度过了忙乱的一天。

　　今夏我国频繁高温，已有28地突破历史纪录。持续高温，让我想到这几天军训的学生真不容易。

　　白玉兰的蓇葖果依旧长势喜人，我现在每天要绕过去看看它们。

　　6月29日，我的主要任务是画朱砂蝴蝶兰。下午时分，原本艳阳高照的天渐渐暗下来。我看了一眼窗外，只见工作室外的水杉枝丫，一会儿被风吹向东一会儿又被风齐刷刷地吹向西，天空黑压压的一片。

　　到了下午5点10分左右，我准备开车去接儿子。跑下楼还没来得及上车，雨说下就下，一时间狂风暴雨，雷电交加，等了将近10分钟都无法出门。最后，我在教学楼二楼走廊的窗户旁找到一把被学生遗忘的伞，暂时借用才得以上车。一路上瓢泼大雨，看不清路，我只能慢慢前行。马路上一片混乱，在这样的情况下，我看见每天在鲁小门口执勤的交警叔叔，在瓢泼的大雨中指挥着交通，浑身上下早已湿透了，雨水哗哗地在他脸上、身上流着。我不禁从心底里感激并对他肃然起敬。

　　此时，狂风暴雨像狰狞的恶狼般，撕扯着一切。路上很快开始积水，我再次感受到人类在大自然面前的渺小。接上儿子，回到小区楼下停好车的时

候雨还在下，但小了很多，太阳也出来了。儿子看着车窗外花坛里的枇杷树，说："你看，被雨淋过的树干真好看，还有阳光照在树干上闪着金色的光！"是啊！带着发现美的眼睛，生活的美好无处不在，即使是在暴雨肆虐之后。

2022-07-01 至 2022-07-04　28 ～ 34℃ 多云 空气良

看了这么久玉兰，今天我想来聊聊它的栽培历史。

木兰科玉兰属的植物较为古老，而中国是玉兰属植物的起源中心。

我查阅相关资料后了解到，关于玉兰的栽培历史有两种说法。一是源自先秦时期屈原《离骚》中的"朝饮木兰之坠露兮，夕餐秋菊之落英"，有人据此推测出玉兰在中国的栽培历史已有 2500 多年。但这种推测可能有点片面。因为我们可以在《离骚》中的另一句"朝搴阰之木兰兮，夕揽洲之宿莽"中了解到其他信息，由此可以找到以上推测片面性的原因。这句诗中的"阰"字，其意为山的意思，而且是荒野极其高深的山，按照常理，人们不会专门跑到如此不方便的地方栽培玉兰。二是根据史料记载大致可以推断玉兰的人工栽培应始于唐代。两种说法各有道理，但都可见我国玉兰栽培历史的悠久。

玉兰在明朝以前也常被称为"木兰"，从明朝开始正式启用"玉兰"这一名字。《大明一统志》中记载："五代时，南湖中建烟雨楼，楼前玉兰花莹洁清丽，与松柏相掩映，挺出楼外，亦是奇观。"这是文献中首次使用"玉兰"的名称。

玉兰花开时洁白艳丽不招摇、温润低调暗藏芳香，成为清静无为的代表，它们常常与银杏、松、柏等被栽植于寺庙园林中。玉兰也被皇室、贵族所喜爱，被广泛栽植于皇室、贵族园林和庭院中。乾隆皇帝在清漪园栽植了大片白玉兰和紫玉兰为他的母亲贺寿，花开时节形成的"玉香海"十分出名。

玉兰及其花朵的独特个性，成为世人各种情感的表达和寄托。但玉兰就是玉兰，"不以物喜，不以己悲"，不带任何情感的变化，周而复始，用力绽放，默默凋零。

2022-07-05 至 2022-07-06　29 ～ 36℃ 晴 空气优

时光飞逝，六年的小学生活结束了。儿子在今天拍完毕业照之后，即将成为一名初中生。

7月6日，台风开启"北漂"之旅，华北、东北地区将体验"洒水车"般的暴雨。

在本月和接下来的酷暑，我的小友将不再像我初接触它时那么新奇，也不再像春天那样可以为我带来花开时的视觉盛宴了，开始进入它的平淡期。接下来我该如何持续观察，怎么观察以及观察什么，都是需要思考的问题。

不过，不管什么时候，热爱、用心是持续下去的动力。

走完夏至，迎接小暑的到来。

第十三章
始入伏，雨热同期、绿树浓荫之小暑

咏廿四气诗·小暑六月节

唐·元稹

倏忽温风至，因循小暑来。竹喧先觉雨，山暗已闻雷。

户牖深青霭，阶庭长绿苔。鹰鹯新习学，蟋蟀莫相催。

　　小暑，二十四节气中的第十一个节气，夏季的第五个节气。

　　暑，炎热的意思，小暑为小热，还不十分热。民间有"小暑大暑，上蒸下煮"之说。自小暑节气开始入伏，三伏天是一年中气温较高且潮湿、闷热的日子。虽然阳光猛烈、高温潮湿多雨，但对于农作物，雨热同期有利于成长。

　　小暑有三候："一候温风至，二候蟋蟀居宇，三候鹰始鸷。"说的是进入小暑后，热浪滚滚，凉风不再；二候时由于炎热，连蟋蟀都从田野来到墙角避暑；而三候时老鹰为了远离地面的高温，在高空中盘旋翱翔。

玉兰枝叶全部舒展开来，散发出丰盈绿意，极尽展示着它的茂盛和生机。二乔玉兰老树干上发出新枝，幼嫩叶片被晒成焦黄，似乎轻轻一碰就碎。

2022-07-07　30 ～ 37℃ 晴 空气优 小暑

小暑并不是一年中最热的时节，但它的到来意味着三伏天正式开启。

小暑节气照

小暑时节，骄阳似火，浓荫匝地。风则江水漾桥边上的玉兰花苞继续酝酿，其中有一朵似乎按耐不住，蠢蠢欲动。树上少数的蓇葖果长得奇形怪状。我发现有一株玉兰特别受欢迎，上面挂满了蝉蜕。

2022-07-08　27 ～ 37℃ 晴 空气优

玉兰自古以来深受人们的喜爱，文人画家为之吟诗作赋、挥毫泼墨。玉兰的树、花、叶、果等优美的形态都是设计师创意的源泉，以它们为原型设计的作品早已深入人们日常生活的方方面面，点缀和陪伴着一代又一代的人。通过了解各博物院的藏品，我发现玉兰的形态时常出现在器物身上作为点缀和装饰，给人带来美的享受。

藏于故宫博物院的德化窑白釉刻花玉兰纹尊的釉质如象牙般温润，器身外壁上暗刻着两支玉兰，它们枝条向下，遒劲有力，花枝上的玉兰花有的正在怒放，有的含苞待放，明媚生动。明代的犀角雕玉兰杯，器体造型上宽下窄，口沿呈不规则的外撇，边缘自然起伏，神似荷叶；杯身外壁饰以玉兰花树的浮雕，树干枝节圆润粗壮，节缝清晰，数朵硕大饱满的玉兰花在枝头绽放，似乎可以令观者隐隐闻到那袭人的花香。细看之下，玉兰花的花筋叶脉清晰可见，整体形态栩栩如生。

清顺治五彩牡丹玉兰纹花觚藏于故宫博物院，在它的器身上绘有牡丹、玉兰等众多花卉，五彩斑斓，玉兰花枝则绘于最上部。早春的花朵在玉兰枝头绽放，熠熠生辉。这只花纹觚整体以色调对比强烈的红、绿色彩来描绘粗犷的纹饰，各色彩鲜艳明亮，给人感觉清新雅致，保留了晚明时期古拙的风格。同样藏于故宫博物院的明代牙雕玉兰花式杯，是晚明时期牙雕器物中一种较富时代特色的款式。该花杯由整块象牙雕刻而成，杯身呈玉兰枝叶托举花苞的形态，花枝盘曲于底部作为杯托，整体造型优美，纹饰栩栩如生。

此外，还有藏于河南博物院的二月玉兰杯、藏于青岛市博物馆的清乾隆青白玉玉兰花插以及藏于南通博物苑的清乾隆粉彩玉兰花杯等，都描绘了玉兰花不同时期生机盎然的生动形态。

这些文物器身上玉兰的优美形态是进行植物艺术创作的珍贵资料和优秀范本。

2022-07-10 至 2022-07-13　28 ～ 37℃ 多云 空气优

这几天，我对部分古画中的玉兰形象进行了收集、学习和整理。

五代南唐画家徐熙创作的《玉堂富贵图》，现收藏于台北故宫博物院。画中以牡丹、玉兰、海棠三种名花相配，白的淡雅，粉的娇媚，画中下方湖石边描绘了一只羽毛华丽的野禽，显得端庄秀丽。徐熙与黄筌（五代西蜀画家）的创作代表了五代花鸟画的新水平，都有重要的历史地位。但米芾说："黄筌画不足收，易摹；徐熙画不可摹。"可见徐熙的实力比起黄筌来说更胜一筹。

明朝沈周的《画芝兰玉树》目前也收藏于台北故宫博物院。沈周与文征明、唐寅、仇英并称"吴门四家"，他开创了"吴派"画风，有着较高的

绘画成就。画中的玉兰藏在石后，每枝开三五朵花，仅用了不同墨色进行轻轻的勾勒，就将玉兰花朵的神态刻画得淋漓尽致，用笔秀丽。

文征明的《玉兰图卷》局部，现藏于美国大都会博物馆。据说文征明尤其钟爱玉兰，家里的藏书楼叫"玉兰堂"，其中印章之一也是玉兰堂，他留下了很多传世的玉兰画作。《玉兰图卷》画作中的玉兰向两侧伸展，一侧花枝斜出，枝干自然弯曲，枝上花朵相继开放。他所描绘的每一朵玉兰花的状态都不一样，好像在述说一段段曲折动人的故事，妙哉！

2022-07-14　30 ～ 40℃ 多云 空气良

这些天我继续处理一些零零碎碎的事。高温红色预警，天气热到无法在室外停留，厨房窗口的香椿树在热浪中耷拉着脑袋，我已经好几天没进学校了。

下午送儿子去学校，暑假第一期集中培训开始。儿子开启人生中第一次住校、第一次集体生活，开始学习如何整理内务，学习如何管理实践，学会主动学习和制订计划……从现在开始，他将与我们渐行渐远……虽有不舍，但终要放手。

2022-07-15 至 2022-07-16　29 ～ 38℃ 多云 空气良

今天来聊聊与玉兰有关的配饰。玉兰花的美好形象常常被设计师用来作为各类配饰设计的原型和灵感来源，来衬托女人温婉、细腻之美。

微信群里的兼葭老师对这些以玉兰花为原型的配饰有精彩的描述和解读："好的耳环能让女人看起来摇曳生姿；如果让女性只保留一件首饰，估计大多数都会选择保留脖子上的项链，因为好看的项链会让女性的脸庞熠熠生辉。当玉兰悄悄'开放'在女性的手腕，举手投足间都带着一股芬芳；在小巧的戒指上去展现玉兰花是件不容易的事，多以含苞欲放来表达；在胸花和发簪上，玉兰的美则被表现得淋漓尽致。女性用玉兰来装扮自己，留住玉兰永恒的美，也渴望着自己拥有一生的美丽。"

确实如此，即使不戴，就是看看，也心满意足。

因为玉兰，世界变得更加美好，人间变得更加值得。

2022-07-17 至 2022-07-20　28 ～ 37℃ 阴 空气优

7月17日，气温稍有下降，下午3点多的时候，竟然下了一会儿雨。我在办公室处理一天的杂事，还抽空去看望了小友、白玉兰的蓇葖果和天目地黄，它们的总体情况都还好。在热浪的炙烤下，我看到很多植物被晒得无精打采，有些看上去开始泛黄。

接下来几天，我忙着撰写教学大纲、画植物科学画、整理"观察一棵树"的记录，指导学生毕业设计，填写课程达成度。日子过得繁忙而充实。

2022-07-21 至 2022-07-22　28 ～ 35℃ 多云 空气优

今天送儿子返校，我看他背着书包慢慢走远，看他遇到同学，看他们灿烂地笑着，边聊边走向学校，想起那段话："……我慢慢地、慢慢地了解到，所谓的父女母子一场，只不过意味着，你和他的缘分就是今生今世不断地在目送他的背影渐行渐远。你站立在小路的这一端，看着他逐渐消失在小路转弯的地方，而且他还用背影告诉你：不必追。"

释然。

这几天，在无患子树下可以看到很多掉落的无患子果实，其中有些已经初见规模。朴树的种子也和樟树种子一样，发芽率和成活率极高。因此，在朴树母树底下常常可以看见很多朴树幼苗。幼树的成长往往充满各种挑战，叶片被啃食是较为常见的，虫子喜欢这些鲜嫩的食物。除了食用，植物的叶子也常被"食客"用来缝制"育儿袋"。我还看到一片朴树叶的叶肉差不多被咬掉了一半，留下的叶脉则形成了天然生动的纹理。

我在被修剪成圆形的海桐枝叶上发现很多蝉蜕，它们静静地待着，有些抱着叶子，有些趴在枝干上，还有一只抱着另外一只叠着罗汉的，姿势各异。我的脑海里出现了一个热闹的场景：夜深人静之时，蝉的幼虫们从土里爬出来，争先恐后地爬上树枝、找到一处合适的地方之后，等待羽化。

我看到无患子旁边的二乔玉兰主干旁发出许多新枝，新枝上的叶片太过幼嫩，经过几天高温的烘烤，很多被晒成焦黄，它们的叶尖卷成一团，似乎只需轻轻一碰就会碎掉。

第十四章
热至极，湿热交蒸、万物狂长之大暑

　　大暑，二十四节气中的第十二个节气，也是夏季的最后一个节气。

　　"暑"为炎热的意思，大暑，指炎热之极。大暑时节阳光猛烈、高温、潮湿多雨，虽有湿热难熬之苦，却有利于农作物成长。

　　大暑有三候："一候腐草为萤，二候土润溽暑，三候大雨时行。"说的是大暑一候气温偏高又有雨水，细菌滋生，许多枯死的植物潮湿腐化，到了夜晚，经常可以看到萤火虫在腐草败叶上飞来飞去寻找食物。二候时土

壤高温潮湿，很适宜水稻等喜水作物的生长。三候时在雨热同季的潮热天气，天空随时都会形成落下的雨水。

定点观察的花枝枝顶没有萌发新花芽，热浪下叶片发黄，来年叶芽、花芽悄然孕育。

栝楼似暗夜里翩翩起舞的白色精灵，刺蛾的造型令人惊叹于大自然造物之神奇。

2022-07-23　29 ～ 39℃ 晴 空气良 大暑

这是我记忆中最热的一个夏天。

"垅热风炎鸟兽藏"，大暑时节的小友节气照

才不过早上 6 点多，外面已经一片热浪。这是最为难熬的一段时间。小友和它的邻居们有点无精打采，鸡爪槭顶部的一些叶子被炙烤得焦黄，皱缩成一团；深山含笑的状态也不好，失去了往日的生机；远看小友似乎还不错。近距离观察我的专属花枝，有些叶片开始发黄，还有几片叶子上有被某虫啃食的痕迹，我没有在它的枝顶观察到新的花芽，因此明年在这里就看不到花开了。

那两个蓇葖果还和之前观察的差不多，虽然没有更多的变化，但值得庆幸的是它们一直没有脱落，这已实属不易。我仔细搜寻了一番，附近的蓇葖果几乎无一幸存。而四季鹿依旧是一副宠辱不惊的模样，看着时光在它四周慢慢流淌。

2022-07-27 至 2022-07-29 27 ～ 36℃ 晴 空气优

树友杜英观察的二乔玉兰要被迁走，大家很替她感到惋惜。事实上，大家都无法保证自己观察的树在这一年的时间里不会出任何的意外和状况。比如小丸子老师的水杉，虽然它位于一条很隐蔽的乡间小路上，但是她的定点观察枝不知何时忽然被截断了；肖祖训老师那株常年观察的玉兰也于前不久被搬走了。

在观察的过程中，树早已成了我们的挚友，我们和自己观察的那棵树建立了深厚的感情。当变故来临的时候，就像失去一位老友一样万般不舍。正如树友蒲公英说的那样："这些突如其来的变故，让我们更加珍惜与树相伴的日子；我们从观察一棵树出发，现在正经历失去一棵树，最后我们会走到保护一棵树。"或许这也正是深入观察一棵树的意义。

2022-07-30 27 ～ 34℃ 晴 空气优

今晚和儿子一起去参加树蛙老师的夜观，地点在秦望山西北麓的天衣寺。

天衣寺附近生态很好，物种丰富，植被与昆虫种类繁多。

道路两旁长满了野生苎麻，它们的叶片几乎没有完整的，上面爬满了苎麻珍蝶各阶段的幼虫。我和儿子曾经饲养过苎麻珍蝶，对它们从一龄到化蝶的各个阶段都有过细致的观察和记录。因此，对于苎麻珍蝶，我们可以说再熟悉不过，以至于从头到尾也没有给它们拍过一张照片。

过了小桥往右拐，天衣寺那块蓝色指示牌的边上有一棵梨树，儿子在梨树叶子上观察到了两种高颜值、萌态十足的刺蛾。一只刺蛾是椭圆形的，整个身体呈嫩绿色，扁扁的，吸附在叶片上，看上去像个"UFO"小飞碟。这只刺蛾身体正中有一条白色的花纹贯穿头尾，身体四周左右对称地长着10多条长满刺的"小犇"，咋咋呼呼的，似乎在警告："别碰我，我不是好惹的！"另一只更得我心，整体形态比前一只立体多了。只见它整个身体呈长条形，肤色底色为鲜嫩的明黄色，背部装饰着两条（总数应该为3条，还有一条隐藏在右侧边）蓝色的对比色花纹，蓝色的边缘稍许点缀着些黑色作为收边，对这绝妙的配色我唯有赞叹。仔细看，这只刺蛾中间的蓝色花纹是首尾贯通

的，而侧面的这条蓝色中间断开。除此之外，最引人注目的就是这只刺蛾的"羊角辫"了，只见它的背部一共有 8 条圆锥状的"辫子"，头部 4 条，中间 2 条，尾部 2 条，"辫子"的颜色从连着身体的基部开始渐渐加重，形成从黄到红橙的渐变色，在灯光的照射下泛着奇特的光泽。在这只刺蛾身体两侧还各有一排"小辫"，中间一排"辫子"比背部的小一些，最下面一排最小，都是鲜亮的嫩黄色，从上往下错落有致。这些或大或小的"辫子"上无一例外都密布着或长或短的小刺，像在身上戳着无数把狼牙棒。虽然刺蛾看上去浑身带刺，张牙舞爪，但我就是觉得它们怎么那么可爱。它们分别是谁？或许，名字并没有那么重要，用眼睛观察、用心灵感受的过程才是最有意义的。

刺蛾

关于刺蛾，小峰老师做过精彩的描述。他结合自己的建筑学专业背景，根据艳刺蛾属虫子的形态进行仿生设计，将它转化为小型的体育建筑。这个尝试给我带来一种全新的视角。翅膀老师用手电隔着纸张从底下给这种艳刺蛾属虫子打了光，在它周边配置人物、植物等，做成夜景效果图，可谓精彩绝伦。关于刺蛾的茧，翅膀老师也对它有过特别细致的描述。他说如果我们盯着刺蛾茧的细部来看的话，白色的地方像正在消融的冰川，而细微的褐色丝痕，则是被流水侵蚀的河道，它们蜿蜒曲折汇聚成海洋。在我眼里这些茧则像是一颗颗散发着浓郁巧克力味的诱人糖果。

正如翅膀老师说的那样，昆虫很适合用来打开脑洞，它们的美和关于它们的各种联想令我们惊叹于大自然造物之神奇，同时给我们探索大自然带来源源不断的乐趣。

正在研究刺蛾的时候，我听见树蛙老师领着小朋友们走在前面发出一阵惊呼："哇，栝楼！"对于栝楼，虽然早有耳闻，但栝楼的花我却从来

没有见过。当我看到栝楼花的第一眼便立刻喜欢上了它。栝楼花就像黑夜里的白色精灵，结构奇特。只见栝楼每一个花瓣的边缘都有着细长的流苏，每一根流苏上面又都分化出更细的分枝，就像一位身穿白裙的舞者甩开了如水的衣袖在翩翩起舞。栝楼整朵花虽然洁白无瑕，却又妖艳无比。栝楼白色的小花会在傍晚开始争相开放，直到次日凌晨才又纷纷闭合，这也是栝楼的花在平时难得一见的原因。以前在丹家见过栝楼的果实，完全成熟之后的果实呈橙红色，非常诱人。只是没想到它的花更加奇特，今日一见，心满意足。

当我们往回走的时候，在一棵构树上发现了其他物种：一只天牛、三只中华大扁锹。我们发现每一只锹甲旁都围着一群大个头的蚂蚁，这些蚂蚁令锹甲举步维艰。树蛙老师说这些是日本弓背蚁，它们正在围攻锹甲，看样子锹甲凶多吉少。我和儿子曾经养过一只越冬的锹甲，从2021年7月开始养，一直到2022年6月存活了将近一年，这对于锹甲来说实属难得。我们带着它从绍兴到山东老家，再带回来，我和儿子给它起名"锹坚强"。在6月中旬的某一天，"锹坚强"悄然离去，令我们伤心了一阵。后来，我们把它带到楼下花坛，让它回归了大自然。

接着，我们还观察到在黑夜中盛放的合欢，它那粉红色的头状花序在枝顶排成圆锥花序，像是暗中的粉色精灵。我们还发现被咬成筛子的薯蓣叶子，竟然也很好看。还有日本纺织娘、螽斯、蜻蜓、尺蠖、盲蛛、桑天牛、旋目夜蛾、豆天蛾、宁波滑蜥……用文字无法一一详尽描述。

夏夜，眼睛的盛宴。只需用心，你会发现精彩无限。

2022-07-31 至 2022-08-01　26～35℃ 晴 空气优

7月31日，我从胡勇老师的朋友圈中了解到"自然嘉年华Nature Carnival"的相关概念和内容，这是一个很好的理念。只有越来越多的人开始了解自然、敬畏自然，人与自然和谐相处，地球才可以走得更远。

8月1日，我前去察看白玉兰的蓇葖果。烈日当空，白玉兰植株大部分叶片因为干巴而显得了无生机，叶片因为缺少雨水的冲刷，显得脏兮兮的。我抬头细看，只见白玉兰上部的蓇葖果有很多已经残缺不全，圆鼓鼓的绿色果实被啃到露出里面棕色的絮状物，有几个果实几乎全军覆没。是谁干的？

松鼠？或者是鸟类？我环顾四周，没有发现"作案者"的踪迹。植物们不能跑、不能对抗，当偷袭者来临的时候只能束手就擒，从花到果实到种子再到新的植株，一路上艰难险阻、命运叵测。或许它们唯一能做的就是以量取胜，只要有少数种子能撑到最后，那就是胜利。就像憨态可掬的无患子果实，发育基本完善，但还是早早掉落。无患子的生存繁衍也得益于它那不计其数的花和果，即使在生长过程中不断损兵折将，也终究会有一部分修成正果。

幸运的是，低处的两个白玉兰蓇葖果到目前为止还完好无损。我猜测它们幸免于难的原因，有可能是长的位置较低，鸟类或松鼠在这个位置进食的时候容易受到来往的车辆或人群的惊扰。当然，这只是一种猜测。

2022-08-02 至 2022-08-05　29 ～ 36 ℃ 晴 空气优

这几天持续高温，我一直忙于填写课程达成度评价及各类表格。

8 月 5 日一早的云，让我看到了什么才是真正的轻柔、飘逸。绕过田径场种满香樟的路，往右拐个弯，左手边花坛就是无患子旁边的二乔玉兰、望春玉兰和白玉兰的地盘。这段时间我重点关注的蓇葖果被啃食得更加严重了，到今天为止，几乎已经找不到完整的果实。而低处的那两个蓇葖果到目前为止安然无恙，希望能看到它们顺利成熟。准备走的时候，我不经意仰头发现右边花坛的二乔玉兰树上有一个胖嘟嘟的红色果实。它高高地挂在细细的枝头上，样子很是可爱，犹如《西游记》里的人参果。

自从花开过后，我对小友的关注就不像以往那么密切了。而它依旧宠辱不惊，热热闹闹地开花；花开败了，争先恐后地结果子；努力结的果实掉了，那也随缘不强求。小友明年的花芽和叶芽已经在悄然间开始孕育，它们早就明白什么是生生不息，什么是生命的轮回，也知道该怎么做，平心静气，从不怨天尤人。

小友身上的那两个蓇葖果和一开始相比，除了那几个突出的心皮大了一些，其余部分基本没什么变化。现在整个蓇葖果都显得脏兮兮的，不知接下来会如何发展，我会对它们持续关注。小乔花枝的状态也不是很好，叶子已经脱落了几片。我找到小乔斜上方的一个花苞作为继续观察的对象。这个花苞的第一层芽鳞已经脱落，第二层芽鳞上连着一片叶子，不过这片叶子不知被谁啃掉了二分之一。生命周而复始，新的一轮已经又在不经意之间开始。

小友的蓇葖果与花苞

我看到文科楼和美术楼下小花园里的叶下珠开花了，小小的花朵很可爱。叶下珠的果实并不真正长在叶子的背面，而是着生在叶腋的部分，翻开叶下珠的茎可以观察到长得像珠子一样的果实。初看之下，这些果实好像被叶子覆盖在底下，因此取名为叶下珠。细看叶下珠的花，我发现它有两种不同的形态。查看《中国植物志》，我才知道叶下珠的花雌雄同株，直径约 4 毫米，雄花 2～4 朵簇生于叶腋，通常仅上面 1 朵开花，下面的很小，雌花单生于小枝中下部的叶腋内，边缘膜质，黄白色。如果不是用心观察，我绝对不会发现叶下珠的这个小秘密。叶下珠的蒴果圆球状，直径 1～2 毫米，蒴果先为绿色，之后慢慢变成红色，表面有很多的小凸刺，像是挂着一串小灯笼，煞是好看。

这个早上收获满满。

2022-08-06　28～39℃ 小雨 空气优

一大早天气就不友好，汗如雨下。
中午的时候忽然变天，狂风暴雨，飞沙走石。

第十五章
天渐凉，落叶知秋、禾谷成熟之立秋

立秋

唐·刘言史

兹晨戒流火，商飙早已惊。

云天收夏色，木叶动秋声。

立秋，二十四节气中的第十三个节气，秋季的第一个节气。

立秋并不代表酷热天气的结束，立秋后还有一个处暑节气，处暑之后才出暑。民谚：大暑小暑不算暑，立秋处暑正当暑。

立秋时节阳气渐收，阴气渐长，由阳盛逐渐转变为阴盛。

立秋分为三候："一候凉风至，二候白露生，三候寒蝉鸣。"说的是立秋过后的风已不同于夏天的热风，刮风时会感觉到凉爽；二候时早晨大地上会有雾气产生；接着三候时感阴而鸣的寒蝉也开始鸣叫。而实际上，中国大多数地方在立秋时节还处于闷热的"三伏天"。三伏天包括小暑、大暑、立秋、处暑四个节气，这几个节气是一年中气温较高且潮湿、闷热的时期。

玉兰蓇葖果被咬得残破不堪，只剩下干巴巴的果核，被太阳蒸烤成棕褐色。

烈日暴晒，被晒焦卷曲的叶子挂在枝头，在树木深绿色背景下显得特别刺眼。

2022-08-07　27 ～ 38℃ 多云 空气优 立秋

立秋，云天收夏色，木叶动秋声。一早出门感觉还是热。

用无患子边上的白玉兰蓇葖果制作的立秋节气照

　白玉兰那两个长在植株底部的蓇葖果也遭遇了袭击，我现在恨不能搬把凳子坐在树下寸步不离地守着它。不过我仰头一看，发现隔壁的玉兰树枝上有一个完整的小可爱，这个红色让人满心欢喜。

2022-08-08 至 2022-08-10　29 ～ 38℃ 晴 空气优

　8 月 8 日至 8 月 9 日，家中的建兰开花了，这几盆建兰是从老家带回来的，养了 10 多年。其间，父亲帮我分盆栽了好多，几次搬家，有些送人了。家里现在还留有 4 盆，每年都开好几茬花，特别好养。

　8 月 10 日上午，带儿子矫正牙齿，第二次拔牙。

2022-08-11　30 ～ 39℃ 多云 空气优

天气预报显示：高温红色预警。这个夏天热透了。几天没去学校，我心里惦记着白玉兰树上的那几个蓇葖果。

　　还没走近，仰头第一眼看到的是立秋那天在白玉兰旁边发现的二乔玉兰的蓇葖果，那原本绿中泛红、红中透亮、饱满可爱的蓇葖果，此时已经被咬得残破不堪，只剩下干巴巴的果核，被太阳蒸烤成棕褐色。我心里出现一种不祥的预感。

　　心怀侥幸快步走向我的白玉兰蓇葖果，果不其然，映入我眼帘的是它的果实残骸。我绕着这颗残存的木质果核360度全方位检查了一圈，里面的种子一颗不剩，被搜刮得干干净净。我抬头在树枝间搜寻，目光所及无一幸免。我又低头在草丛中搜寻，希望能找到一些蛛丝马迹，却只找到了寥寥无几被啃食过后掉落的外果皮。好在玉兰树并不计较，看那枝头上星星点点，早已开始孕育明年的希望。

无一幸免的蓇葖果

　　带着失落的心情，我转到靠近路边的二乔玉兰树下，细看下竟让我发现了一个隐藏在二乔玉兰叶间的果实，单个发育的心皮使整个果实看上去像戴着头盔的士兵或是背着壳的蜗牛。这种只有单颗种子发育的蓇葖果，因为长得丑并不入"食客"的眼，反倒暂时逃过一劫。但当好果子都被蚕食一空之后，接下来它们的命运会如何，我无法猜测。离开前，我将那颗被咬得一颗种子也不剩的蓇葖果核摘下来带回家，用以纪念曾经专属于我俩独处的美好时光。

藏在二乔玉兰叶间的"戴头盔的士兵"

2022-08-12 至 2022-08-13　30 ～ 40 ℃ 阴 空气优

　　这两天的天气预报仍然是高温红色预警。苏铁那奇特的花引起了我的关注。我在河西食堂门口看到的铁树有两种不同形态的花，一种的形态像百合的鳞茎，也像一棵包菜，细看像鱿鱼的触角，一片一片紧紧地裹在一起；另一种的形态呈巨大的圆柱状花序，目测将近 1 米。我在永辉超市门口第二次见到铁树，这次我近距离观察到它那从中心生长出来的圆柱状花序，发现它的结构肌理和形状是如此奇特。我查阅资料得知苏铁是地球上现存种子植物中较为古老的种类之一，最早出现在距今约 3 亿年的地球古生代二叠纪。苏铁的雌球花又叫大孢子叶球，大孢子叶密被淡黄色茸毛，叶长 14 ～ 22 厘米，上部的顶片卵形至长卵形。类似鱿鱼触角的结构是大孢子叶边缘的羽状分裂，有 12 ～ 18 对裂片，呈条状钻形，先端有刺状尖头。大孢子叶球下部具狭长柄，柄的两侧生有 2 ～ 6 枚胚珠，其上有茸毛，未发育时呈黄绿色，授粉以后可发育成红褐色或橘红色的种子。

　　苏铁的雄球花也叫小孢子叶球。雄球花刚形成时为致密的锥形球，相当于花蕾。随着时间的推移，雄球花慢慢伸长为圆柱形，小孢子叶散开，整个花序的形状就像巨大的菠萝果，又像是一根金光闪闪的大玉米棒子。苏铁小孢子叶下着生有许多的小孢子囊，囊内会产生许多小孢子（花粉）。

雌球花

雄球花

2022-08-14 ～ 2022-08-16 30 ～ 39℃ 多云 空气优

儿子今天开始上小升初第二期集中培训课程，送他返校之后，我顺便回学校去看了我的玉兰。

白玉兰的蓇葖果已经全军覆没，很多花苞的芽鳞由于暴晒都脏兮兮的，显得有点灰头土脸。对于一年只开一次花的玉兰来说，它们在初春花开过后一段时间就开始长出花苞，经过春末、一整个夏天、秋天和冬天，到第二年春天开放。这不禁让我觉得玉兰花苞的孕育和人类怀胎十月十分相似。

不过，我的脑海里又冒出一个疑问，那就是夏天穿着"毛大衣"的花苞不热吗？还是说这"毛大衣"既可以防寒还可以隔热？我想起小时候记忆里的盛夏，小贩用自行车载着装着土棒冰的方形大木头箱子，走街串巷地叫卖；我拿着从大人那里缠来的几毛钱，流着口水一路小跑着追上小贩；他打开那神奇的木箱，再掀开厚厚的棉被，拿出一支冒着"热气"的冰棒。那时我的小脑袋里就想：棒冰盖着棉被是怕冷吗？它为什么并不会化掉？现在我自然已经明白这个道理，那么玉兰的花苞是不是也同理？它们穿着厚厚的"毛大衣"保护幼嫩的花芽，夏天的时候使花芽免受暴晒雨淋，冬天的时候对花芽防寒保暖，直到安全长大。以上的推断只适合一年开一次花的玉兰，

比如我的小友，对于"观察一棵树"群里多地一年开两三次的玉兰并不适用。但我想芽鳞的作用大抵应该是相同的。

这几天，让我感觉欣慰的是二乔玉兰的那个"戴头盔的士兵"还在，希望它能继续好好生长。我在地上发现一枚掉落的蓇葖果架，和"戴头盔的士兵"的样子十分相似，都只有一个心皮发育，但是里面的种子已经不在了。小友的那两个蓇葖果也依旧在，但看上去黑不溜秋，无精打采的，不管是昆虫、鸟类还是松鼠都对它们毫无兴趣。小乔右上角的花苞差不多还是老样子，那片被啃食的残叶也依然在守护着它。

2022-08-17 至 2022-08-20　　29～39 ℃ 多云 空气优

持续高温，玉兰叶片被晒焦的情况比之前更加严重。

2022-08-21 至 2022-08-22　　28～39 ℃ 晴 空气优

这几天最受关注的就是天气，又是高温红色预警，我们正在亲历气象观测史上最热的夏天，或许没有之一。"观察一棵树"群里的树友们纷纷报告来自全国各地的高温情况。

好几天没去办公室。今天我特意回学校去看了白玉兰、二乔玉兰、望春玉兰和我的小友。烈日暴晒下，目光所及之处，是那挂在枝头上和树身上一片片、一团团被晒焦卷曲的叶子，在树木深绿色的背景下，它们显得那么刺眼。

第十六章
暑气退，万物凋零、五谷丰登之处暑

早秋曲江感怀

唐·白居易

离离暑云散，袅袅凉风起。

池上秋又来，荷花半成子。

朱颜易销歇，白日无穷已。

人寿不如山，年光忽于水。

青芜与红蓼，岁岁秋相似。

去年此悲秋，今秋复来此。

　　处暑，二十四节气中的第十四个节气，秋季的第二个节气。处暑即"出暑"，是炎热离开的意思。时至处暑，到了高温酷热天气"三暑"之"末暑"，酷热难熬的天气到了尾声。此时雷暴活动不及炎夏那般活跃，暴雨呈减弱的趋势。

　　暑热消退是缓慢的过程，真正开始有凉意一般要到白露之后。

　　处暑分为三候："一候鹰乃祭鸟，二候天地始肃，三候禾乃登。"说的是此节气一候时老鹰开始大量捕猎鸟类；二候时天地间万物开始凋零；"禾乃登"的"禾"指的是黍、稷、稻、粱类农作物的总称，"登"即成熟的意思，"三候禾乃登"也就是三候时五谷丰登的意思。

　　玉兰花苞外层芽鳞上留下了深灰色的晒斑，看上去灰头土脸的，有点狼狈。

　　栾树圆锥花序上开满了明黄色的小花，一部分结了果，红黄相间其是好看。

2022-08-23　28 ～ 35℃ 多云 空气优 处暑

虽到了处暑节气，但天气依旧热浪滚滚。节气描述，处暑——"出暑"，虽有炎热消退的含义，但也是一个循序渐进的过程，真正开始有凉意还要到白露之后。

小友处暑节气照

烈日炎炎，植物们虽损兵折将，但依然挡不住它们美丽绽放。凌霄花正在盛放，栾树的枝头悄悄缀满了花苞，戴"头盔"的菁葵果安然无恙。

2022-08-24　27 ～ 34℃ 雷阵雨 空气优

今天，继续绘制我的植物科学画。晚上 8 点，我收听了壹木自然读书会李攀老师名为"我的小区植物观察"的分享。李攀老师通过对自己居住小

区的植物进行观察，为小区的植物制作了一份"植物志"。他用专业的精神来做业余的事，以身边的植物为例向大家介绍了自然观察的方法和工具，给我带来很多启发，也为大家如何观察身边的植物提供了一个典范，使我们受益良多。

2022-08-25 至 2022-08-26　27 ～ 37℃ 多云 空气优

在学校河西学生寝室前面路口的转弯处，有一株悬铃木，整棵树被晒成黄褐色，远远地看去让人误以为秋天来了。

因为暑期高温的暴晒，大部分玉兰花苞外层的芽鳞上都出现了很多深灰色的晒斑，显得灰头土脸，有点狼狈，但这个阶段的玉兰总体上显得波澜不惊。

2022-08-27　25 ～ 29℃ 小到中雨

经过小区门口的时候，我看到门卫室右边那株高大的栾树开花了。栾树那巨大的圆锥花序上开满了明黄色的小花，有一部分已经结果，红黄相间，甚是好看。

上午的风雨导致一地的落花，一位妈妈带着姐弟俩从落花上踩过，一位快递员正从他的小运货电瓶车上卸下快递盒子，他无暇顾及，径直从落花上踏过。我蹲下仔细观察，有很多花已经被碾得黑乎乎、脏兮兮的了，除了蚂蚁忙碌地在落花间爬来爬去采食花蜜，几乎很少有人抬头或低头看一眼树上和地上的栾花，更不用说停下来对它们欣赏一番。

很庆幸，我还拥有一双发现美的眼睛，这让我对生活始终抱有一种美好期待，对亲人朋友抱有一颗感恩的心。

2022-08-28　24 ～ 31℃ 阴 空气优

2022 年的这个夏天，是我记忆中最为炎热的一个夏天。植物们艰难度过了一个酷热难耐的苦夏，有些树没有挺过来。更多的情况是，很多树身上挂着被晒伤的树枝或被晒焦的树叶，这几天下了几场雨也没能使它们缓过劲儿来。

　　我看到小友隔壁深山含笑的部分叶子被蒸烤至枯黄，无精打采地挂在枝头。低处很难见到深山含笑的果实，只有抬头时才能见着它那绿色的、圆球形的果实，感觉像小型的、带着壳的香榧。走近看时，我发现深山含笑的第二波花芽已经按时到来。小友的树身上也有被烈日灼伤的树叶，看上去很是刺眼。但即便遭遇如此惨烈的夏季，新的花芽依然静静孕育、成长。四季鹿也依旧波澜不惊，默默地守护着小友。

2022-08-29 至 2022-08-31　24 ～ 28℃ 小雨

　　今天晚上特别凉快，从窗口吹来的风让人感觉有点冷。连着 3 天，我都在补植物科学画作业。

2022-09-01　23 ～ 30℃ 多云 空气优

　　地球上先有植物，才有了人类。植物在人类的发展史上扮演了各种各样的角色。食物、住宿、穿着、出行，人类生活处处离不开植物。音乐、绘画、文学、影视，人类的文化也不乏树的身影。我们所观察的树，在人类文化历史上创造过什么样的传奇呢？

　　晚上 8 点，"观察一棵树"各组树友在网络会议室进行了树的"人文"主题分享，这个分享将观察一棵树的内涵进行了质的提升。林捷老师说："一群人在一起观察一棵树，提升了视野，开阔了思路，也注入了坚持的力量。"

　　我对樟树组 Lily Han 的"一棵树的人文畅想"印象深刻。她认为不同领域的艺术家、科学家、诗人、电影人以及东西方原住民等观察一棵树会有很多不同的视角，但他们的多元视角也会有很多共鸣的地方，这个共鸣就是观察者对于一棵树的"响应"。Lily Han 的分享打开了我的视野，使我深受启发。

　　小山老师对观察一棵树的"人文"分享也有精彩的评述，他总结了此次分享的重大意义："观察一棵树"活动的意义在于，一群人放慢脚步一起观察一棵树，可以使大家从生物学、人文等角度去加强我们对一棵树身上所蕴含的自然知识和人文知识的理解，使观察的结果呈现不同的样貌。小山老师指出观察比较重要的三点：定点观察、持续观察、系统观察。我们的"观

察一棵树"活动,是一群人定点、持续、系统的观察。一群人各有不同的眼光和视角,大家在一起观察的时候会相互影响、相互激荡、相互提醒,最后得到个人能力的总体提升。最为珍贵的是,我们在观察一棵树过程中真实的生命体验与丰富的阅读体验。小山老师建议树友们在观察的基础之上,将这些体验以及草木文化与自己的兴趣和专长做一个结合并进行拓展和探究,最后一定可以在自己的领域做出更为有益的事情。这正是我在思考的问题,也已经开始在做一部分的尝试,接下来我会继续探索,慢慢总结。

"观察一棵树"越来越呈现出它的价值和意义。

2022-09-02 至 2022-09-04   23 ～ 27 ℃ 阴 空气优

9月2日,秋老虎酝酿乏味,冷空气击溃热浪,局地高温将反弹。

作为新生班班主任,9月3日一大早,我来到学生寝室外面迎接新生,学生们陆续前来报到,直到下午5点多结束。

9月4日,雨几乎下了一整天,当我走向停在树下的车,发现车身上落满了悬铃木的叶子,它们和倒映在车身上的树影组成一幅独特的画。回来的路上暴雨倾泻而下,在等红灯的时候,我透着车窗看向环城西路和廊桥交界口的枫杨,它模糊成一片,却又别具风格。

2022-09-05 至 2022-09-06   20 ～ 28 ℃ 阴 空气优

这几日在家办公,写授课计划、教学大纲、论文,绘制植物画……台风加上暴雨,从酷暑到深秋,感觉只是眨眼之间。

9月6日,四川广汉的树友蒲公英在群里与大家分享,她的玉兰又开花了,花朵是紫色居多,而且她还观察到了玉兰花、叶、果同在的现象。

玉兰开花真是出其不意。上海的树友闲云观察到这个时节玉兰的叶子全部脱落,接着枝头的玉兰开花的现象,有花无叶。浙江宁波毛淑珍老师于8月24日观察到的玉兰掉光了叶片,只剩毛茸茸的花芽耸立在枝头,到了9月1日树上便开了3朵玉兰花,也是有花无叶。玉兰在9月时掉完叶子,接着再度开花的现象让我感到迷惑,因为我的小友现在正是风华正茂的时候。

我想起6月芒种时节,树友蒲公英曾经对玉兰二次开花的情况进行过整

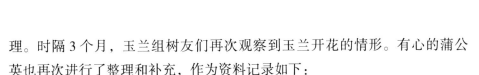

理。时隔 3 个月，玉兰组树友们再次观察到玉兰开花的情形。有心的蒲公英也再次进行了整理和补充，作为资料记录如下：

5 月 23 日，广东深圳杜英观察到二乔玉兰有花苞萌发；

5 月 26 日，四川广汉的二乔玉兰开花；

5 月 29 日，重庆肖祖观察到玉兰开花；

5 月 31 日，广东深圳杜英观察到玉兰花谢了，没有留下果；

6 月 3 日，浙江紫叶观察到玉兰开花；

6 月 6 日，四川广汉 5 朵玉兰花凋谢，没有果实；

6 月 6 日，湖北武汉雅芬观察到玉兰紫色花苞；

6 月 15 日，四川广汉玉兰又开一朵；

6 月 17 日，四川广汉玉兰花谢；

6 月 21 日，夏至，湖北武汉雅芬记录玉兰正在开花；

8 月 31 日，浙江杭州燕子的玉兰满树开花，花叶同在，花白色；

8 月 31 日，浙江临平李臣松的玉兰满树开花，花叶同在，花白色；

9 月 1 日，浙江宁波毛淑珍观察到玉兰开花，有花无叶，花白色。

大家在群里的分享、探讨与疑问以及追寻答案的过程不仅充满了乐趣，也是对未知的致敬。经由"观察一棵树"活动，一群人一起领略这四面八方的草木清欢、人间深情。玉兰在我们心里越来越明朗，越来越清晰。

第十七章
寒气长，露凝而白、秋高气爽之白露

蒹葭

蒹葭苍苍，白露为霜。所谓伊人，在水一方。溯洄从之，道阻且长。溯游从之，宛在水中央。

蒹葭萋萋，白露未晞。所谓伊人，在水之湄。溯洄从之，道阻且跻。溯游从之，宛在水中坻。

蒹葭采采，白露未已。所谓伊人，在水之涘。溯洄从之，道阻且右。溯游从之，宛在水中沚。

白露，二十四节气中的第十五个节气，秋季的第三个节气。

"白露"是反映自然界寒气增长的重要节气。白露时节，暑天的闷热基本结束，天气渐渐转凉，寒生露凝。古人以四时配五行，秋属金，金色白，以白形容秋露，故名"白露"。

白露分为三候："一候鸿雁来，二候玄鸟归，三候群鸟养羞。"说的是此时节一候时鸟从北向南飞。鸿为大，雁为小，是不同的两种鸟。二候时

燕子等候鸟为了避寒自北往南迁。燕乃南方之鸟，故曰归。三候时百鸟开始储存粮食以备过冬。此处的"羞"同"馐"，是美食的含义。

　　人工培育的玉兰已不按规律开花，一年开花两到三次或花叶同在都变得常见。

　　几日的台风暴雨过后，植物渐渐缓过劲来。栾树不知不觉中挂了满树的红灯笼。

2022-09-07　22 ～ 33℃ 多云 空气良 白露

白露，天转凉，秋渐浓。

小友白露节气照

　　天气渐凉，几日台风暴雨之后，植物渐渐缓过劲来。在观察小友的时候，我遇见了学校后勤主管校园绿化的朱老师，我们聊起暑假高温使得今年玉兰的果实结实率几乎为零的情况，猜测往年小友的蓇葖果应该有很多顺利成熟的。但因之前我从未留心关注过小友，所以在脑海里搜索了半天，也没有一点印象。

　　早上出门时，我在廊桥和环城西路口看到天上的云朵，靠右下的那一块像极了飞天的仙女。昨天，我在无患子下看到掉落的两个无患子果实，就像是两只在聊天的小猪，也像是两只胖嘟嘟的小鸟在说悄悄话。

2022-09-08 至 2022-09-09　23 ～ 32 ℃ 阴 轻度污染

　　重庆肖祖训老师的玉兰又开花了；杭州红丽老师发来图片；宁波紫叶遇一树花开。人工培育的品种都已不按规律来了，一年开两到三次或花叶同在也都很常见。

9月8日，我发现小友边上的深山含笑二次开花，揭开了之前看到的芽是叶芽还是花芽的秘密，目睹和记录了花果同在的现象。

比起初春，深山含笑初秋的花开得很不好，可能是今年夏天太阳暴晒导致。与杭州超妈发来的深山含笑果实对比，我的这株果实显得有点瘦小。

我所观察的这组植物，以那株臭椿的生长力最为旺盛，一旦它的叶芽萌发到长成，它四周的植物在一年里的大部分时间就都被它笼罩在阴影里，无法充分地接触阳光。我想这或许是小友和深山含笑不能展示它们最佳生长状态的原因之一。

2022-09-10　22～28℃ 多云 空气优

中秋节、教师节双节，碰巧明天又是儿子生日，今天是真正的好日子。

中秋时节，想爸妈了。由此想起我小时候过的中秋节和吃的月饼与现在大有不同。旧式的月饼没有华丽的包装，是那种简单的油纸，卷成桶状，一卷包10个左右的月饼，价格因不同的馅料而有所不同，常见的有莲蓉、冬瓜蓉，好一点的有五仁，几元到几十元不等，是平常百姓基本能消费得起的价格。

小时候的中秋节，在我记忆里最为深刻的是总会提前收到村里外婆给我和哥哥送来的中秋月饼和"月光佛儿"。"月光佛儿"现在不太常见了，是按松阳土话直译过来的，松阳人又把它叫成月光饼、雪月、月亮饼。"月光佛儿"是一种用米糕类的材料做成的圆形糕点，被压成扁扁的一片，厚5～6毫米，直径约15厘米，被放置在一块比它大的、被裁成正方形的红纸反面，再在糕体的正面盖上一张圆形的、比糕体稍大些的薄纸片，就成了在当时中秋节令孩子们流口水的节日礼品美食。"月光佛儿"正面纸片上的图，内容是嫦娥奔月等主题，画面人物生动，形态优美。大大圆圆扁扁的"月光佛儿"就像是一个满月，象征着团圆，也象征着圆满。关于"月光佛儿"的由来，还有一个故事。相传开元六年，叶法善邀唐明皇飞天夜游广寒月宫，聆听紫云仙曲，唐明皇为纪念这段经历，特命人根据月亮的模样制作了"月光佛儿"。

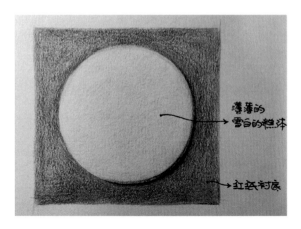

薄薄的
雪白的糕粉

红纸衬底

手绘"月光佛儿"

外婆是一个小老太太,个不高,长着一张圆脸,整天笑呵呵的,面目慈祥,记忆中的她总爱穿一身蓝布衣服,朴素却总是收拾得干净利索。她对我们这些小辈很是溺爱,不管是谁都喊"衲"(松阳话里对自家小孩的昵称),有好吃的、好玩的总是想着我们。虽然在 20 世纪 80 年代,物质并不富裕,她老人家也没偏袒过哪个孩子,总是能照顾到每一个。每年中秋节前夕,外婆总会提前给我和哥哥送来月饼和"月光佛儿"。现在想起来,外婆在门口喊我和哥哥"衲",我俩雀跃上前领取外婆带来的美食,这个场景历历在目,外婆的一颦一笑仿佛还在眼前,是那么的生动亲切。

我们收到外婆的礼物不舍得也不允许马上就吃,而是先把它们埋到盛米的大缸里。不记得为什么这样做了,后来问起爸妈,说是在米里埋过的月饼和"月光佛儿"不会因为受潮而影响口感,且吸收过米香之后的月饼和"月光佛儿"吃起来味道会更香甜,原来如此。想到这里,我不禁咽了下口水。到正式过节的前几天对我和哥哥来说是最难熬的,我们不时地跑去扒着缸沿偷偷把月饼和"月光佛儿"从米里挖出来,一遍又一遍数着、摩挲着,仿佛每数一遍、每摸一遍都可以满足一下我们那垂涎欲滴的味蕾。

终于等到中秋佳节,月满人间时,爸妈会在当天晚上拿出预先准备好的圆形大竹匾,在一个装着半杯米的杯子里插上点燃的香,将月饼和"月光佛儿"从米缸里掏出来,朝向月亮升起的东方在竹匾上整整齐齐地摆开,柚子、饼干也是不可或缺的,然后一家人就开始"拜月亮",也就是"祭月"。这时大人的心思和小孩的心思是不同的,爸妈在"祭月"的时候更多的是

祈求福佑，粮食丰收，全家人吃饱穿暖、平安健康，而我和哥哥则是眼巴巴地盼着仪式快点结束，能早点尝到垂涎已久的美食。

生活中的仪式感正随着时代的发展慢慢消失，儿时的记忆珍贵不易，有感而发，特此记录。

双节碰上儿子生日，我们约上三两好友，准备到丹家"叁见"民宿去赏月。小孩子们一到"叁见"，就被两位爸爸带着去玩水。一群人回到"叁见"的时候夕阳已经笼罩着大地，几乎每一个小家伙的鞋袜都湿了。

在小孩子们和爸爸们外出游玩的时候，驻守的妈妈们着手准备晚餐。实际上从头到尾主要都是老友宁飞在操持，我和跳妈观战聊天，其间我们还接待了同事一家的临时到访。闺蜜实在，话不多说，一来就埋头准备晚饭，到了饭点的时候，一桌丰盛的大餐呈现在大家眼前，令人刮目相看。

夕阳染红了"叁见"

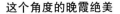

这个角度的晚霞绝美

丰盛的晚餐

夜晚的山村和城里相差十几摄氏度，这时候就显出篝火的重要性了。张

先生在晚饭前就预先在院子里的圆形火膛里架好了柴火，晚饭结束在我洗碗的时候就生起了篝火。大家拿着躺椅围着火堆一圈排开，摆上月饼、水果、零食和茶水，边祭月边唠家常……木材燃烧发出噼里啪啦的声音，大朋友小朋友们的脸上映着时明时暗的火光，不聊天只倾听的则对着火光发呆。

火有一种神奇的力量，令人遐想，陷入沉思……而风完全不讲原则，东西南北想怎么吹就怎么吹。大家围着火堆，时常被吹过来的烟雾迷了眼睛，但却发自内心地开心。

儿子明天的生日，提前到今天来过。现在这个半大的小伙子既不让点蜡烛，也不让唱生日歌，大家在院子里吃了蛋糕，象征性地给他过了一个简单的生日。接着，大家继续围着篝火畅聊了一番，此时，大尖山下营地那边的喧闹也渐渐平息。半夜 12 点，只有此起彼伏的虫鸣，除了虫子们不知疲倦地准备继续开一整晚的派对，人们，渐渐进入梦乡。

2022-09-11　23 ～ 28 ℃ 空气优

第一次在山上过夜，一早睁眼发现已经 6 点多了，昨晚说要起床看日出的孩子们还在睡梦中。我打开房门一看，初阳已经洒满大地，对面星空营地的孩子们早已起来，叽叽喳喳地互相追逐嬉闹。而我早起的原因是想安安静静地观察，这是我最为快乐的时光。

大尖山上几乎没有乔木，这在南方很少见。朋友说这山与日本的富士山相似，尤其是下雪的时候。院子里的石子地上长着很多西瓜藤，结了五六个西瓜，长势喜人。据说这些西瓜藤是以前有人吃西瓜时吐的籽发了芽长成的，今年如此暴晒的太阳也没有阻止它们开花结果，植物顽强的生命力有时超乎想象。水池旁有一株矮小的玉兰，昨天来的时候我就注意到它了，因忙着招呼客人还没仔细观察。只见这株小玉兰带着细密晨露的花苞，含苞待放，头上顶着一个小尖茸帽，这两天它应该就会盛放了。到目前为止，除了我观察的小友外，我发现很多玉兰一年不止开放一次。

"叁见"院子前面的茶田里长了很多扛板归。记忆里小时候常常采食扛板归的叶子，酸酸的。后来跟着黄老师进行自然观察我才知道它的名字背后还有一个故事。传说有一位樵夫上山打柴，不小心被毒蛇咬到，心慌意乱地跑回家，由于害怕加上剧烈运动导致蛇毒攻心而死，家人悲恸欲绝。无奈家

里穷，只好用一块木板扛着遗体抬向坟山。他们在途中遇到一位郎中，郎中问明死因，发现樵夫似乎还有挽救的余地，于是用一种蛇药片给樵夫服下，经过一番调治，这个被判定为"死人"的樵夫竟然活过来了。大家感激郎中的救命之恩，问他用的是什么灵丹妙药。郎中说所谓的仙药也只是由普通的草药制成的，但很遗憾叫不出它的名称，只知道它主治毒蛇咬伤。后来，郎中紧锁眉头略有所思，蓦地一拍大腿："有了！患者不是扛'板'而去，复活而归吗，就叫'扛板归'吧！"于是，扛板归的名字就这样流传了下来。

扛板归又名老虎刺、贯叶蓼、蛇倒退等，为蓼科属植物贯叶蓼的全草，味酸、苦，性寒，有小毒，有清热解毒、利湿消肿、散瘀止血的功效。

2022-09-12　21～27℃ 阴 空气优

一大早，我赶在 6 点 50 分之前将儿子送回学校。

返回工作室之前，又去看了我的小友和无患子边上的那几株玉兰。

我最近一直在观察的"戴头盔的士兵"，依旧安好，表面的颜色变得越来越深。

昨天去丹家的时候发现很多完整的长势喜人的蓇葖果，树友们也发了不同地方长势不同的蓇葖果。我很好奇，果实的结实率和成熟究竟受哪些因素影响？我上网查了资料加上"观察一棵树"群里树友们的讨论，最终得知玉兰的结实率会受气候、风力、雨水、气温等因素的影响，其中的任何一个因素都会影响玉兰的授粉，只要有一个条件不好，就会影响玉兰的结实情况。这也难怪我的小乔为什么那么早就脱落了。

2022-09-13　22～25℃ 中雨 空气优

今日地质灾害气象风险红色预警。

台风暴雨后的树木，除不幸被狂风折断外，枝叶不仅没有被摧残，反倒显得更加水灵生动。

2022-09-14 至 2022-09-15　22～24℃ 大到暴雨

9 月 15 日晚上，新生的开学典礼令我感触良多。确实，新入学的学生需要在一开始就有一个正向的引导，早早做好接下来的学习规划，更加充实地度过在学校的每一天，使自己各方面都得到提升和成长。

开学典礼结束前，我从灯火通明的田径场悄悄掩入暗夜，走向在操场旁的那株二乔玉兰，想再去看看"戴头盔的士兵"。我径直走向它，在黑暗中轻轻拉下那根枝条。打开手机手电筒的一刹那，我看见"戴头盔的士兵"那颗厚厚的果荚顶部已经开裂了，就像是沉睡多年的公主睁开了惺忪的双眼，露出了里面橙红色、闪耀着宝石般光泽的种子。

"戴头盔的士兵"，果实成熟开裂了

"戴头盔的士兵"的种子被坚硬厚实的果荚紧紧包裹着，发育得很好。这颗仅存的种子是整个蓇葖果全力以赴的成果。从开花、结果到成熟，现在它还差最后一步，那就是护送种子顺利进入泥土，生根发芽，完成一代又一代的繁衍使命。"戴头盔的士兵"的种子是今晚这株二乔玉兰送给我的珍贵礼物。

2022-09-16　21～30℃ 多云 空气良

今天再去看"戴头盔的士兵"的时候，我发现它的裂缝比昨天又增大了很多。我很想把它取下来仔细研究，但最终还是忍住了，就让它安安稳稳地在树上完整度过最后的阶段吧。

我在二乔玉兰树下不远处看到了正在开花的臭鸡屎藤，它那钟形的花萼别具一格。

2022-09-17　22～30℃ 晴 空气优

今天，"戴头盔的士兵"的果荚完全打开了，我看到它那红色玛瑙般的种子完整地沐浴在阳光下，熠熠生辉，但似乎也摇摇欲坠。我没有惊动它，现在想想还有点后悔，如果当时我用手轻轻碰它一下，说不定还可以看到那些鲜红的种子扯着白色的细丝在空中荡秋千的场景。

当我在傍晚再次去看"戴头盔的士兵"时，只见它只留下一个完全打开的果壳，里面的种子已经不见踪影。我想应该是被鸟儿们带走了吧？仔细看"戴头盔的士兵"留下的果壳，里面似乎还有一小颗果实，应该是未发育成功的种子。

2022-09-18 至 2022-09-19　22～29℃ 小雨

空气很好，呼吸新鲜空气，拥抱大自然，放空的一天。

虽然没有看到"戴头盔的士兵"的种子挂在果荚上荡秋千的样子，但这几天我和深山含笑的种子倒是颇有缘分。

小区楼下花坛和学校小友旁边的花坛里有好几株深山含笑。与高大的玉兰相比，作为灌木的深山含笑，结果的时候要低调得多，如果不注意看，根本不会注意到隐藏在深山含笑枝叶间的果实和种子。也正是这低调不起眼的深山含笑种子，弥补了我未观察到玉兰种子吊着丝线在风中飘荡的遗憾。

深山含笑的种子

2022-09-20 20～28℃ 多云 空气良

这几天，小区门卫室旁边的那株栾树在不知不觉中挂了满树的红灯笼般的果实。我在处暑时节的 8 月 27 日看见栾树开始开花，同时我也注意到它边开花边结果，从一开始在满树金黄的花序里就已经点缀着一些绿色纸灯笼般的果实。

栾树很是率性，即使在同一座城市相隔不远的地方，甚至在同一条马路上，它的花期和果期都不一样。比如，当我住的小区门口的这株栾树挂满了"红灯笼"的时候，学校河西教育学院楼和铁城科教馆前面马路两边的栾树却才刚开始开花。所以，在栾树的花季，满目金黄，这边开过花后那边又接着开，加上栾树花开过后满树橙红到鲜红的蒴果，又像是再次盛开了满树的繁花。栾树的蒴果会在枝头上悬挂好几个月，颜色也由红色转变为褐色，直到慢慢干巴萎缩。即使这样蒴果也依旧固守枝头，不轻易掉落。

2022-09-21 至 2022-09-22 19～25 ℃ 多云 空气良

昨晚在家的时候，从窗口吹进来的风让人感觉到有点寒冷。近几日早晚凉意渐显，终于入秋了。

9 月 22 日中午，我去河西体育馆办事，发现体育馆门口的银杏树下有一颗掉落的椭圆形银杏种子，一眼看上去就像是一枚橄榄的果实，又像是酸梅果脯，一口咬下去酸到倒牙的那种。我的口水不禁流出来了。我将它捡起来，小心翼翼地捧在手心仔细观察。与印象中的银杏种子不太一样（实际上是因为之前从未好好观察过），只见它淡黄色的表皮上覆盖着一层白霜，似乎有厚厚的果肉，让人有想咬一口的冲动。当然，银杏是裸子植物，根本没有肥厚多汁的果肉可供食用，外面的这层是它的外种皮。我又陆续在附近地上捡到 4 颗种子，其中有一颗在掉落的时候外种皮碎裂，不用放到鼻子底下，就可以闻到一股独特的臭味，令人敬而远之。

2019 年的时候我曾经画过银杏，现在重新翻开来看，比照着今天捡到的银杏种子和马炜梁先生的《植物学》，我再次深入了解了银杏的各部分结构和特点并对银杏植物科学画增加了新的标注，收获颇丰。马炜梁先生对银杏的描述简洁明了："银杏科银杏属落叶乔木，枝条有长、短枝之分，叶扇形，先端2裂或波状缺刻，具分叉的脉序，在长枝上螺旋状散生，在短枝上簇生。球花单性，雌雄异株，精子多纤毛。种子核果状，具3层种皮，胚乳丰富。"①

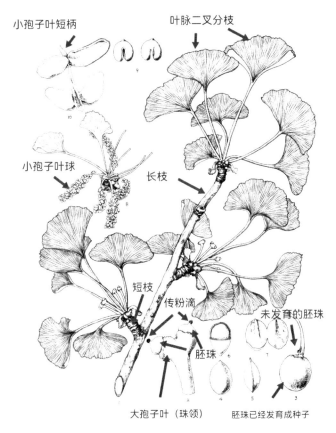

中文名：银杏　科属 银杏科 Ginkgoaceae 银杏属 Ginkgo 拉丁学名：Ginkgo biloba L.　叶晓燕 绘图

1.雌株长枝和短枝（示大孢子叶球）2.大孢子叶球和传粉滴 3.种子（带外种皮）4.种子（白果去掉外种皮）

5.种子（白果）侧面 6.种子示中种皮 内种皮和胚乳 7.胚乳和胚 8.雄株短枝（示小孢子叶球）

9.未开裂的小孢子囊（正面观）　10.开裂的小孢子囊

银杏植物科学画及新增标注

银杏为落叶乔木，树干高大，叶扇形，有柄。雌雄异株。小孢子叶球呈柔荑花序状，生于短枝顶端。小孢子叶有一个短柄，柄端有两个小孢子囊组成悬垂的小孢子囊群。大孢子叶球很简单，通常有一个长柄，柄端有两

———————

①　马炜梁.植物学[M].2版.北京：高等教育出版社，2015.

个环形的大孢子叶，称为珠领，也叫珠座。大孢子叶上各生一个直生胚珠，通常只有一个成熟，偶有若干个胚珠，是一种返祖现象。珠被一层，珠心中央凹陷为花粉室。

我对其中的一颗种子进行了仔细观察。

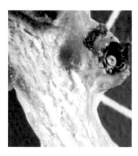 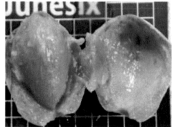

显微镜下观察到的退化胚珠　　　　外种皮和种子

 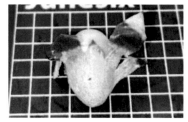

中种皮和内种皮

以前未关注过银杏种子柄上这个像烟斗一样的小把，这次我清晰地观察了这个未发育退化的胚珠。植物都极具储备意识，以量多取胜对它们来说已经是轻车熟路的事，如玉兰、深山含笑的果实和无患子的三室，总有一个发育成功的，只要有一个能成熟，那就能生生不息地繁衍下去。

烟斗状小把

　　为了更清楚地观察银杏种子的结构，我对这颗种子进行了解剖。我选择从能横着剖切到未发育的胚珠的方向下刀，以期能清楚观察到胚珠内部珠心和贮粉室（切开后发现，这个位置刚好是中种皮前后两半衔接的缝隙处，即种子的侧面）。解剖刀刚轻轻切下去我就看到种皮上溢出晶莹的汁液，那种腐臭的味道变得更加浓厚，我用手摸了一下，汁液有些臭，不黏。外种皮结构并不致密，有烂乎乎的质感，不知是否与没有完全成熟而半途掉落有关。再切下去，我感受到解剖刀触碰到了坚硬的中种皮，于是率先掀开了外种皮。一使劲，那颗未发育的胚珠连着已发育胚珠的大孢子叶（珠领）一并被我扯了下来。

　　我将大孢子叶球的长柄、已发育胚珠的大孢子叶（珠领或珠座）和未发育胚珠正反面并列放置在切割板上，一眼看上去，很像两只正在对话的长颈鹿。在显微镜下，可以清晰地观察到退化的胚珠，它的颜色呈深褐色，已经硬化，这层为珠被。我在切第一刀的时候稍微有点偏，只看到了一部分白色的珠心，就像在里面隐匿了一条胖胖的毛虫。于是，我再次靠近中心线细细补切了一刀，这次终于使珠心露出了一大半，可以清楚地看见上半部的贮粉室。由于失水，珠心和贮粉室分离，形成一个较大的空间。

　　外种皮肉质和柄衔接的一端肉质厚，达 5 毫米，另一端偏薄，此处外皮常有一些斑点。中种皮坚硬，长 3 厘米，宽 1.8 厘米左右，种子整体呈倒水滴状。如果从正面对种子进行解剖会很难剖开，我选的位置刚好是侧面，即中种皮前后两瓣衔接的地方，是种子较容易被剥开的地方。从侧缝线剥开坚硬的中种皮，我发现在胚乳外面还包着一层膜质的内种皮，剥离的时候，内种皮的一部分粘连在中种皮内侧，另一部分粘连在胚乳上。

　　内部胚乳为肉质，呈淡黄色。可能由于解剖手法的问题，我未观察到胚乳内明显的胚，但发现右边胚乳上半部的一个小凹槽，猜测这个应该是胚所在的位置。带着这个疑问我请教了浙江大学生命科学院银杏研究专家赵云鹏教授，赵教授对我没有观察到胚的原因进行了回复："没有观察到明显的胚，往往是因为现在胚还很小，没有发育成熟，银杏的种子往往在落地后，它的胚还会继续发育。"原来如此，我恍然大悟。

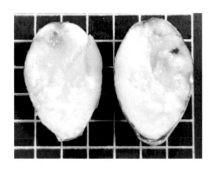

胚乳内部

《中国植物志》中记载："银杏为中生代孑遗的稀有树种，系中国特产，仅在海拔为 500～1000 米的浙江西天目山有野生状态的树木。"因此，又有"活化石""世界银杏之祖"之称。2018 年暑假，我曾经和朋友黄老师一起带着儿子深入天目山，一路学习，一路观赏物种。就在那次，我有幸一睹天目山"五世同堂"野生银杏的风采。临安市西天目乡西天目山保护区内共有 262 株银杏，而这株位于开山老殿下的"五世同堂"银杏体型较大，也较为知名。这株古银杏就像是一位饱经沧桑的老人，虽沉默不语却深沉睿智。它的根系从悬崖上长出，主干粗壮弯曲，树身上布满了苔藓，主要分枝都伸向南侧悬崖，树冠庞大，雄伟壮观，虽历经千年，却依旧生机盎然。因为这株银杏好像是祖孙五代济济一堂，所以被取名为"五世同堂"。

野生银杏"五世同堂"

　　银杏现在被广泛栽培于世界各地，我国的银杏资源拥有量占世界第一，是优良的园林绿化树种。每到深秋，扇形的银杏树叶由绿转黄，满树金黄，耀眼明媚。银杏的叶子可以做成精美的书签、耳坠和形态各异的手工。在我的全校公选课"植物那些事""植物信使"教学环节，学生们走出课堂，以银杏为目标植物，用掉落的银杏叶完成了形态多样的手工作品。

银杏手作

　　2019年，我在完成银杏植物科学画的时候，曾经说过我这才算是真正认识了银杏，现在想来我当时说的话有点自满了。这次，我还想说，我这才是进一步认识了银杏，或许也可以说，我还在不断认识和重新认识银杏的过程中，未来还有更多惊喜在等我去发现。

第十八章
水始涸，雷始收声、蛰虫坯户之秋分

晚晴

唐·杜甫

返照斜初彻，浮云薄未归。

江虹明远饮，峡雨落馀飞。

凫雁终高去，熊罴觉自肥。

秋分客尚在，竹露夕微微。

秋分，二十四节气中的第十六个节气，秋季的第四个节气。

秋分，"分"即"平分""半"的意思，除了指昼夜平分，还有平分了秋季的含义。

秋分至，昼夜均，寒暑平。

秋分分为三候："一候雷始收声，二候土鳖虫坯户，三候水始涸。"古人认为雷是因为阳气盛而发声，秋分后阴气渐盛，所以不再打雷了，故有"雷，二月阳中发声，八月阴中收声"的说法。"土鳖虫坯户"说的是由于天气变冷，蛰居的小虫开始藏入穴中，并用细土将洞口封起来以防寒气侵入。"三候水始涸"则说此时降水量开始减少，由于天气干燥，水分蒸发得快，所以湖泊与河流中的水量开始变少，一些沼泽及水洼便处于干涸之中。

玉兰恢复了郁郁葱葱的模样，深山含笑种子在果荚中飘荡，所见一切皆美好。

栾树小灯笼般的果实比花大好十几倍，如此小的花怎能结出如此硕大的果实呢？

2022-09-23 20～27℃ 多云 空气良 秋分

秋分在农业生产中是一个重要的时间节点，也是果实累累、众生喜悦的节气。

秋分节气照

秋分节气照记录了日常观察的点点滴滴：二乔玉兰蓇葖果开裂的模样，深山含笑的种子在果荚中飘荡，银杏树下捡到的三个白果，小区门口栾树的果实热热闹闹地挂满了枝头，小友郁郁葱葱……一切都是最美的样子。

"秋气堪悲未必然，轻寒正是可人天。"秋天的一切美好皆随秋分而至。秋分过后就渐渐天寒地冻了，不知不觉中，秋意已上窗。

2022-09-24　18～25℃ 多云 空气优

从中国天气网得知，9月底的河北已经下了第一场雪。

今天我沿着廊桥再一次从河西南门进入学校，进入施工尾期的风则江大讲堂在蓝天白云的映衬下初显雄伟，环卫工人在草地上喷水剪枝，养护植物。秋风拂面，阳光正好。

在河西铁城科教馆和教育学院楼的周边，沿路种了两排巨大的栾树，它们的花和果长在高高的枝头，很难近距离观察。2016年的时候，我曾经有一段时间那么近地靠近过它们。那时每天不到6点，我从城西鹅境的家来这里早读。教育学院建筑的最西边有一个外部的楼梯，一直可以上到三楼的露天平台，这个地方比较安静，轻易没人上来。而栾树的枝三三两两地伸过来，咫尺之间，触手可及。或许从那个时候我就开始关注栾树了。不过纯粹只停留在对外在"物相"上的简单欣赏。

看了这么多年，我对栾树的认知还是停滞不前，不敢深入探究，因为栾树的花和果我从来都没有看明白过。每年看到栾树开花的时候，我就在想它那灯笼一般与花比起来大十几倍的蒴果，真的是由这么一朵小小的花变来的吗？而且我在潜意识里曾经以为栾树的蒴果是由掉落在地上的那些栾花发育过来的，因为我曾经捡了几朵花仔细观察，但没看到雌蕊。

或许唯有静心，才能真正走入植物的精彩世界。

这次，我想揭开它的秘密。我先来到水漾桥南面的这株栾树下细细搜寻。起初，我眼睛所能看到最多的落花形态和以前常看到的一样，树下掉落的大部分小花的显著特征是它们都有着长长的优雅的雄蕊。随着观察的深入，我看到一些不太一样的花，这让我眼前一亮。于是，越来越多形态不一的小花，更确切地说是不同阶段的蒴果出现在我的视野里。

这些蒴果有的是小荷才露尖尖角的模样；有的头已经探出来一部分，长长的花柱像天线一般顶在头上，初具形态；还有的大半个或者完整的身体都已经出来了。这些花的花瓣和我之前所见的小花无异，通体金黄，花瓣尾端形似带褶皱的"花边"，呈绯红色。经过仔细比对，我发现这两种形态的花最明显的差异是两者的雄蕊，前者细长，后者短小。

直到此时，我终于有种茅塞顿开的感觉，这么多年的疑惑得以解答。我

的脑海中又浮现出那句话："很多时候，你以为的并不是你以为的，真相不能靠想象得来。"这下我终于可以来细说栾树的花了。

通过观察对比，可以确定栾树的花为雌雄同株，栾花可分为雌蕊不育的雄花和雌蕊可育的雌花两种，它们不仅同株而且同花序。我挑了一个花序进行仔细观察，发现了栾树花序上丰富的种类：在同一花序上既有雄花也有雌花，既有初开时为黄色的带褶皱"花边"的雄花，也有"花边"慢慢转为橙红色的雄花；雌花的形态就更为丰富，有的柱头还隐藏在短小的雄蕊群中，有的刚刚探出一点点头，有的大半个身子已经出来，就像不久前我在树下捡到的落花和发育中的落果一样，形态各异。这是雌花授粉、受精后子房在逐渐膨大的过程。栾树的聚伞圆锥形花序大而扩展，顶生于小枝顶端，长25 ～ 40 厘米，每个花序上有 10 ～ 30 个分枝，花序基部的分枝较长，向上的分枝逐渐变短。有如此庞大的花序，那么其带来满树的金黄也就不足为奇了。

栾树的雄花和雌花构造差别很大，但两者都有浅绿色的杯状花托和 4 枚嫩黄色的花瓣。雄花初开的时候花瓣呈莲座状，随着雄蕊花丝完全伸出，4 枚花瓣逐渐开始偏向一侧，细长的花丝和花药则偏向另一侧。由于花瓣反折，花瓣形成两部分：被包裹在花托中的部分称为瓣爪，瓣爪上密布长毛；外部反折的花瓣被称为瓣片，无毛。也正是因为反折，在瓣片的基部就形成了像花边一般的皱脊，颜色先黄后转为带一点渐变的橙红色。栾花有 8 枚雄蕊，花丝细长，一半以上附有白色的茸毛，显得姿态优美。

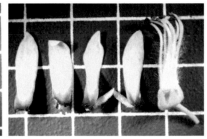

栾树雄花　　　　　栾树雌花　　　　雄花反折的花瓣及雄蕊群

"解剖发现，在雄蕊花丝的基部还隐藏着 1 个细而短的雌蕊花柱，只是这个雌蕊后来没有进一步发育结果。也就是说，栾树雄花的雌、雄蕊都是齐全的，我们直接称它为'雄花'稍微有点不妥，确切的称谓应为'雌蕊不育的雄花'。"① 这个观点非常有意思，而我的观察确实还未达到这一步，等待下次栾花开放的时候再一探究竟。栾树的雌花是真正能结果实和种子的花，它和雄花的颜色、形态大致相似，而最大的不同是它们的雌、雄蕊。雌花的雌蕊粗而且细长，十分突出，长长地伸出于花瓣之上，略弯，雌蕊授粉、受精后发育成栾树的果实。不能忽略的是雌花也有8枚雄蕊，但是花丝很短，虽有花药但很容易退化。因此，和栾树的雄花一样，把栾树的雌花叫作"雌蕊可育的雌花"可能会更贴切。

栾树的雌花一旦开放，它的果实就慢慢长出来了。我在显微镜下看到了栾树不同状态的蒴果，就像带着尾巴的小老鼠。剖开这个时期的蒴果，可见里面幼嫩的种子。花开过后，栾树的蒴果一簇簇一串串地挂在枝头，非常壮观。栾树单个的果实为泡囊状，由3片苞片围成3个小房间，每个房间内有2粒种子，常常只有一粒发育成功。蒴果的苞片很薄，纸质，微微发皱。初时表面黄绿色，慢慢转为红褐色，像一个个的小灯笼。

初发育的蒴果

分三室的蒴果

栾树开花的规律不按常理来，令我琢磨不透。刚开始的时候是巨大的圆锥形花序，一夜之间热烈的明黄色开满整个枝头，而在这个时候，可以看见花序里面或已经开始点缀着一些红色的"小灯笼"。

栾树花瓣的数量也不一定总是4瓣，我在河西那片栾树林中的一株栾树底下发现很多带有5片花瓣的栾树雄花，这种情况比较少见。我还觉得栾

---

① 杨忠岐. 树木中的谦谦君子：栾树 [J]. 绿色中国，2022（3）：48-53.

树花的形态及颜色搭配与印第安酋长头饰的形态和服饰的颜色相似，红黄相间，热烈、明快。经过这一次的深入探究，我终于有点明白栾树了，当然它的秘密还有很多，等待着我进一步去探索。

我在景观设计实训课程中指导学生利用栾树的蒴果进行设计转化，通过蒴果的形态提取线条，再进行扭曲变形，形成有趣的凳子。

此时，我的小友基本上没有大的变化，那两个菁葵果变得更加斑驳，但还未成熟开裂。小友的花苞也还是差不多状态，而它的树叶有很多因为酷暑而被晒黄。四季鹿则一如往常，无言、淡定。

2022-09-25 至 2022-09-26　19 ～ 27 ℃ 晴 空气优

9 月 25 日，我在家休息半天，下午接回了我的蝴蝶兰。

9 月 26 日，刚开始感觉到秋天的凉爽。天气预报说随着副热带高压返场，我国南方新一波范围广、持续久的"秋老虎"即将卷土重来。看来还要经历一段酷暑的煎熬，不过再怎么热，也应该会比暑期要好很多。

2022-09-27 至 2022-09-29　22 ～ 29℃ 阴 空气优

蝴蝶兰来了，我需要抓紧时间画它，还有等待完成教学的大纲、与学生谈话、备课等任务，记录每天的生活，忙碌而充实。

2022-09-30 至 2022-10-03　24 ～ 39℃ 晴 空气优

国庆节我们一家三口回了一趟老家，高温橙色预警又发，回家的三天气温飙升至 40℃，似乎回到了酷暑最热的时候。我看望了外婆、爸妈、舅舅。三天时间眨眼就过去了。

珍惜当下，珍惜与家人、朋友相处的每一天和每一次。

（当我回过头来整理书稿的时候，97 岁的外婆于 2023 年农历北方小年这天驾鹤西去，国庆这次也是我与外婆的最后一面，特别补充在这里，以示怀念。）

2022-10-04 至 2022-10-07　18～29℃ 阴 空气优

10月4日这天，我去察看了二乔和白玉兰的花苞，花苞外的部分芽鳞开裂，即将脱落。朴树的叶子从叶边缘开始变黄，慢慢往中间蔓延，目前可以清晰观察到它的主脉和次脉依然还保留着绿色的形状。

观察的过程就是一个不断遗忘、反复认识的过程，每一次都是新鲜的、有趣的。

10月5日和10月6日，继续备课、整理资料、画画。

10月7日，记录小友的花苞和菁葵果。菁葵果似乎离成熟不远了。

第十九章
温渐降，露气寒冷、万物萧落之寒露

池上

唐·白居易

袅袅凉风动，凄凄寒露零。

兰衰花始白，荷破叶犹青。

独立栖沙鹤，双飞照水萤。

若为寥落境，仍值酒初醒。

寒露，二十四节气中的第十七个节气，秋季的第五个节气。

进入寒露，时有冷空气南下，昼夜温差较大，秋燥明显。

寒露节气后，昼渐短，夜渐长，日照减少，热气慢慢退去，寒气渐生。

寒露分为三候："一候鸿雁来宾，二候雀入大水为蛤，三候菊有黄华。"
说的是一候时，鸿雁排成"一"字形或"人"字形的队列大举南迁；二候时，
深秋天气寒冷，雀鸟都不见了，在这时古人看到海边忽然出现很多蛤蜊，

并且蛤蜊身上的颜色和条纹与雀鸟很相似，便认为这些蛤蜊都是由雀鸟变化而来；三候的时候，菊花开放了。

　　焦炭色的玉兰蓇葖果犹如身着铠甲的勇士，经过风吹、暴晒和雨淋后，它那骨质的果壳完全打开。玉兰花苞脱了一两层芽鳞外套，不慌不忙地默默孕育。

　　栾树的"小灯笼"依旧挂满枝头。

2022-10-08   15 ～ 18℃ 小雨 空气优 寒露

谚语说："寒露节气，冷到发抖。"实际上这几天温度在 18℃左右，天气令人感觉舒适，似乎与节气并不相符。

小友寒露节气照

小友树叶渐渐泛黄，唯一不变的是四季鹿那超然物外的眼神。栾树的"小灯笼"依旧挂满枝头，而"头盔"二乔、小友、白玉兰的花苞已经脱了一两层衣服。有些树友的玉兰开了几茬，而我的玉兰则不慌不忙，默默孕育。

2022-10-09 至 2022-10-10   12 ～ 18 ℃ 多云 空气优

10 月 9 日，备课，整理资料。

10 月 10 日，上午上课，下午 3 点左右接到张先生的来电，两个人来了一场说走就走的平王线短途游。一路上天空中的云特别漂亮，令我一路赞叹。我们在王化村有 250 年树龄的樟树夫妻树上看到好几个虫屎包裹的巨大的

窝。发到"观察一棵树"群里，经过树友们的辨认，得知这些原本是樟巢螟幼虫的巢，现在它们早已离开，只有那一堆粪便证明了这里曾经生活着一大群樟巢螟幼虫。我担心的是数量如此众多的樟巢螟幼虫是否会使樟树受到伤害？翅膀老师说如果它们不爆发的话没事，我便放下心来。据翅膀老师说樟巢螟幼虫呈黑色，他曾用手机给它们拍过照片，但是觉得丑又把照片给删了。

不得不承认，在很多时候，我们还无法真正地从"物功"的层面来欣赏自然，自然丑和自然美在很多时候还是会不自觉得被主观好恶所左右。

2022-10-11 至 2022-10-12　9～19℃ 多云 空气良

10月11日，上午上课，下午重走了一遍解放路。

10月12日，我对白玉兰花芽萌出的位置进行了对比，通过仔细观察，我发现来年的花芽大多从当年花脱落位置的两边长出，这种情况比较常见；有些花芽却不按常理出牌，它们直接从枝条上长出。从当年花开过的地方两边长出的叶枝，有4～6片叶子不等，没有特定的数量，比较随性。叶子掉落之后，会在叶枝上留下清晰的叶痕。

今天，我还看到了许多掉落的成熟无患子果实，它们三三两两地散落在树底下，一个个圆咕隆咚的，藏在大地母亲的褶皱里。现在到了可以考虑收集一批新鲜出炉的无患子果实的时候。

2022-10-13 至 2022-10-14　17～23℃ 多云 空气优

每次从河东田径场上的那排香樟身边走过，我都会停下脚步看看它们。虽然香樟四季常绿，但它们一直在悄悄地更换新叶。虽已深秋，但你看，它们的叶子是新长出来的一般，柔柔嫩嫩，而且这些叶子中间却已然点缀着一些耀眼的红了。

2022-10-15　15～23℃ 多云 空气优

这段时间的天气除了有点干燥，早晚有点凉意外，总体舒适宜人。

6月底儿子手腕受伤的时候，我们在第二医院花坛里的南天竹上观察到

了吹绵蚧，之后外出的时候，只要看到南天竹，我就不自觉地去寻找上面是否也有吹绵蚧，但奇怪的是，每次我都一无所获。今天有事我又去了一趟第二医院，在等待叫号的空隙再次去看了那排南天竹。比起上次几近光秃的枝条和稀稀拉拉的叶子，经过一个酷暑的煎熬，如今这片南天竹看上去反倒精神很多，枝繁叶茂，郁郁葱葱。如果不细看，绝不会发现里面另有一个热闹的世界。

一开始我并不太确定这里是否还有吹绵蚧。当我细细搜寻的时候，一只白色的吹绵蚧进入了我的视线，它弯着身体倒挂在枝条上，一动不动。我有种想拿起一截树枝去拨动一下它的冲动，不知结果会如何？但在我的下意识里总觉得吹绵蚧是粉质的，应该很脆弱，如果一旦接触到枝条，它们那冰激凌一般白色蜡质的卵囊就会支离破碎。我在吹绵蚧周边还看到了很多蚂蚁。蚂蚁是无利不起早的家伙，也是捡漏专家，哪里有蜜露哪里就有它们的身影。看来吹绵蚧必定给了蚂蚁应有的恩惠。

2022-10-16 至 2022-10-17　16 ～ 22 ℃ 阴 空气良

10 月 16 日是张先生的生日，我们一家三口简单地庆祝了一下。

10 月 17 日 20 点 16 分，超妈在"观察一棵树"群里发了一段话："各位观察一棵树的小伙伴们，我们的树经过了一年的生长，随着秋冬的来临，即将进入休眠期，我们的'观察一棵树'活动也将进入尾声。不管你是专业选手，还是植物小白，和你的树经过近一年的相处，你一定获得了很多植物学方面的专业术语，包括那些你之前可能听都没有听说过的术语，比如单轴分枝、合轴分枝、二叉分枝、假二叉分枝、单叶、复叶、托叶、皮孔、叶芽、花芽、小孢子叶球、大孢子叶球、菁葵果、蒴果等。你现在是不是对其有了新的认识？11 月，我们将有一场关于'观察一棵树'的专业术语分享会，邀请大家积极参与分享。"

是该对之前的观察进行整理了，这是复盘的好机会。

2022-10-18　12 ～ 18℃ 晴 空气优

就像是人到中年脱发一般，小友树身渐染黄色，叶片日渐稀疏。走近了看，小友花苞的形态、大小依旧没什么变化，不过那两个黑乎乎的蓇葖果却不知在什么时候悄悄开裂，种子被顺利带走，寻找合适的地方开始新的轮回。尽管人工培育使得植物减少了生存危机，但整棵树只有那么寥寥几颗种子能够成熟。然而不管怎样，繁衍后代的任务还是需要去完成的，这或许也是树的坚持和仪式感。

我用照片记录下这两枚蓇葖果最后的模样。回想自从 3 月中旬小友花开过后，这两枚蓇葖果从幼嫩翠绿的水灵模样，经受风吹、暴晒、雨淋，历时 7 个多月，变成两个黑乎乎焦炭色如穿着坚硬铠甲、身经百战、饱经风霜的勇士。现在，它们的骨质果壳终于完全打开，我似乎可以听见它们如释重负的欢呼雀跃声，它们已经完成了保护种子的重大使命，张开嘴巴大口呼吸这美妙香甜的空气，再过一段时间，它们就可以放心离去。

蓇葖果骨架

补上小乔的两张照片，和蓇葖果的两张照片放在一起，以此记录蓇葖果从花谢到成熟所走过的一生。以下左图拍摄日期为 2022 年 3 月 26 日，小乔的花苞片完全脱落，露出里面的雄蕊群和雌蕊群的样子。右图拍摄于 2022 年 4 月 1 日，小乔花托上还有少数残留的雄蕊和雌蕊，蓇葖果基本成形。

花瓣掉落后小乔不同时期的模样

2022-10-19 至 2022-10-21　10 ～ 19 ℃ 晴 空气良

上课，开会，指导学生科研，忙碌却也有意外的收获。

东图楼原来是学校的老图书馆，年代久远，建筑老旧。在一楼有一处不大的长方形天井，几株高大的芭蕉年复一年地与楼为伴，中间间植了几株枇杷。天井里的阳光难得一见，所以形成一片有枝叶遮蔽的场地，地面上长满了苔藓，一年中大部分时候都显得潮湿阴凉。今天开完全院大会往回走的时候，我看见这个小天井的草丛中躺着一片比脸还大的枇杷叶，叶子已经有点干巴了，令我想起小时候父母曾经种过的烟叶，晒干之后差不多就是这个样子。这是我目前为止见过的最大的枇杷叶，长 45 厘米，宽 15 厘米，作为自然赠予的珍贵礼物，我会小心收藏。

2022-10-22　16 ～ 24℃ 多云 空气良

全国大部降水稀少，冷空气减弱，华南开启了升温模式。
今天我用了一整天的时间来写申报书。

第二十章
初霜现，气萧而凝、露结为霜之霜降

岁晚

唐·白居易

霜降水返壑，风落木归山。

冉冉岁将宴，物皆复本源。

何此南迁客，五年独未还。

命屯分已定，日久心弥安。

亦尝心与口，静念私自言。

去国固非乐，归乡未必欢。

何须自生苦，舍易求其难。

霜降，二十四节气中的第十八个节气，秋季的最后一个节气。

霜降并不代表"降霜"，而是表示气温骤降、昼夜温差大。霜降时节，万物毕成，毕入于戌，阳下入地，阴气始凝，天气渐寒。霜降节气后，深秋景象明显，冷空气南下越来越频繁。

霜降分为三候："一候豺乃祭兽，二候草木黄落，三候蛰虫咸俯。"说

的是一候时豺狼开始捕获猎物，祭兽；二候时，大地上的树叶枯黄掉落；
三候时，蛰虫全在洞中不动不食，垂下头来进入冬眠状态。

玉兰和邻居们即将走过四季，色彩斑斓的树叶在风中翻转，像在进行秋
的狂欢。

桂花香甜的气味包裹了整个城市，似乎能拧出蜜来，钻入我们的毛孔，
渗入五脏六腑。

2022-10-23　12 ～ 23℃ 多云 空气良 霜降

霜降，天气渐冷，开始有霜。

这个季节整个城市被桂花香甜的气味包裹，甜得似乎能拧出蜜来。桂花香气钻入毛孔，渗入五脏六腑，让人的梦都带上一层甜蜜的味道。桂花簇拥着恣意盛放，用尽全力为这"人间值得"的几天。

霜降节气图

在霜降这一天，小友和它的邻居们变得色彩斑斓，像是进行秋的狂欢，有收获、有喜悦，更多的是对来年的期待。小友和它的邻居们即将走过四季，它们的树叶渐染黄色，在秋风中翻转，发出窸窸窣窣的声音。它们在纠结、在思量，在想该不该离开？舍不舍得离开？犹豫之间，风儿们一哄而上说："来吧，别犹豫，我带你飞，飞向天空，去高处看一看你的大树母亲，去看一看你的邻居朋友，去看一看那蔚蓝的天、雪白的云。累了，就飞回大地，找一处你喜欢的地方，或者回到大树母亲的身下，挨着她的脚吧，不久之后你就会和她融为一体，开始新的轮回。"

秋季是美好的，也是伤感的。但生活不就是这样吗？

2022-10-24 至 2022-10-25　13 ～ 20 ℃ 阴 空气优

10 月 24 日一大早，我从阳台往外看，天上有一大片超级漂亮的云，它们像一片片细密的鱼鳞，由远及近，似乎触手可及。大自然是最杰出的艺术家。每天不管是否在忙碌，我总不会忘了看看天空，因为它们每时每刻都不一样，令我沉醉。

10 月 25 日，深山含笑的蓇葖果也是我持续观察的对象，直到现在它们都还是紧紧地闭合着。由于叶片比较厚，深山含笑的叶子大多变成橙黄色和土红色，整体色调比起小友和臭椿显得浓重很多。

2022-10-26 至 2022-10-27　16 ～ 21 ℃ 阴 空气良

10 月 26 日，完成课题申报。

10 月 27 日，我在家休整一天，整理近期的资料。

2022-10-28　16 ～ 20℃ 多云 空气优

卢梭在《植物学通信》中说："不管对哪个年龄段的人来说，用博物的眼光探究大自然奥秘，都能使人避免沉迷于肤浅的娱乐、平息激情引起的骚动，用一种值得灵魂沉思的对象来充实灵魂，给灵魂提供有益的养料。"[1] 这一路走来，与小友相伴令我每天都忙得不可开交，它开花了，它谢了，它的蓇葖果出来了，它长出了叶子，它又开始孕育花苞了，它绝大部分蓇葖果不明原因的脱落了，它难得留存下来的蓇葖果最后开裂了，但种子不知所踪，它的叶子慢慢变黄了……一幕接着一幕，无言，却精彩。我的生活因为有了小友，充满了无限惊奇和美好，它让我的每一天都值得期待。

这两天，秋天的氛围越发浓厚起来。昨天和前天零星下了几场小雨，气温又下降了。小友和臭椿的树身被越来越多地染上明亮的黄色，它们的叶子飘落在麦冬上，远远地看，分不清哪些是臭椿的，哪些是小友的。深山含笑的蓇葖果今天终于开裂了，它成熟的时间非常漫长。通过观察比较，

---

① 卢梭.植物学通信 [M]. 2 版.熊姣，译.北京：北京大学出版社，2013.

我发现含笑、深山含笑、玉兰、广玉兰的果实和种子是如此的相像，只是在个头大小及成熟的时长上有所差别。

我查询《中国植物志》后进行了对比，结果如下：

含笑，木兰科，含笑属，花期3—5月，果期7—8月；

深山含笑，木兰科，含笑属，花期2—3月，果期9—10月；

玉兰，木兰科，玉兰亚属，花期和果期因不同品种略有差异；

广玉兰，木兰科，木兰属，花期5—6月，果期9—10月。

由此可知，它们都是木兰科的本家，有那么多相似之处也就不足为奇了。

2022-10-29　14～20℃ 阴 空气优

前几天，我去府山看玉兰的时候，远远地看见有些高大的树梢上满铺着白中透绿的小花，初步判断是某种爬藤植物的花。回学校之后，我看到美术楼一楼侧门口的小花坛里那丛孝顺竹枝顶上也开着一片这样的小花，仔细观察之下，发现它们是何首乌。

何首乌，名字听上去很是特别。最早的时候我在鲁迅的《百草园与三味书屋》中对它有所了解："有人说，何首乌根是有像人形的，吃了便可以成仙，我于是常常拔它起来，牵连不断地拔起来，也曾因此弄坏了泥墙，却从来没有见过有一块根像人样……"在这种情形下再读经典，令我犹如亲见孩童时期顽皮淘气的鲁迅，看着他遍寻人形块根而不得的失落样子，不禁有点心疼。求学、工作、结婚、生子，一晃二三十年过去，我竟然与何首乌再无任何交集。

具体已不记得是在什么时候，我第一次与生活中真实的何首乌相遇，相遇的那一刻就好像经年的朋友，虽一直未曾谋面却再熟悉不过。自此以后，我发现何首乌真的是一种特别常见的爬藤植物，几乎随处可见它们的身影。

在"植物那些事"课堂中，我常带着学生去比对臭鸡屎藤和何首乌的不同之处，这是一个特别有意思的过程。我发现，几乎很少有学生关注这两种爬藤植物，更不用说去比较它们之间的不同。比起葡萄、凌霄、紫藤等植物，何首乌与臭鸡屎藤实在是太不起眼了，不开花的时候淹没在树丛间，开了花也是攀附在别人身上，不仔细看发现不了。

当你俯下身去探究植物秘密时，它们会毫无保留地向你展示它们的一切。

2022-10-30　14～22℃ 多云 空气良

一早起床，我在心里对自己说，今天去府山看看吧。

我从东门环山路越园进入府山，这个入口的游人相对较少。沿着石头铺砌的台阶拾级而上，一路上似乎没什么特别引起我兴趣的东西。只听前面群鸟齐鸣，我走近一看，原来是被关在精致鸟笼里的鸟儿们发出的鸣叫声。

我在路上看到了菟丝子和槲寄生，它们是府山常见的两类寄生植物。在府山烈士纪念碑广场前有一棵巨大的枫杨树，树上长满了一丛一丛的槲寄生，成为自然爱好者的打卡点。槲寄生从所寄生的树木上吸取无机物等营养物质来养活自己，但又不完全依赖于寄主，因为它还可以通过自己的叶子进行光合作用来获取有机物，所以是半寄生植物。

菟丝子

与木本植物的槲寄生不一样，菟丝子是呈丝状的草本植物，它的茎在年幼的时候呈鲜嫩的黄绿色，茎上散布着灰褐色的斑点，随着茎的生长颜色慢慢变深，等到结果的时候，茎上的斑点也变成深紫色。菟丝子的奇特

就在于它是植物，却没有一片绿叶，也看不到它的根；说它不是植物，它却又会开花结果并且传播后代。菟丝子的种子发芽初始其实也有根，在它找到寄主之前需要靠种子里的营养以及茎中少量叶绿素的养分来养活自己，然而一旦找到寄主，它的根很快便会死亡，从此过上全寄生的生活。菟丝子的茎上有很多吸盘，在和寄主接触的地方会很快形成吸根深入寄主。吸根进入寄主组织后，部分组织分化为导管和筛管，分别与寄主的导管和筛管相连，从寄主身上吸取养分和水分。为了生存，菟丝子也是拼了。不过，我以为不管别人的死活，再怎么讲也不够光明正大，可这也正是大自然物竞天择的常态。

　　如果不是跟着黄老师"刷"山，我竟不知道世间还有名为"海州常山"的如此美好的植物。单是记它那奇特的名字，便花了我很长的时间。总感觉"海州常山"不该是花的名称，更像是一个地名。每年花开的时候，黄老师总会跑到整座府山独此一处的秘密基地看"海州常山"，也总会在群里发布它的消息。府山改造之前，我曾跟着黄老师来看过它一次，探明了地址，但那时似乎并不是"海州常山"的花季。这次我根本没想过能遇到它，但当我转到这块似曾相识的地方时，竟然和它不期而遇，第一次真真切切地看到了它的真身。"海州常山"的周边被改造过了，现在是一块长方形的运动场地，边上铺着一条鹅卵石小径，而"海州常山"就长在这条小径边的小坡上。

　　当我的眼睛在四周搜寻时，一簇掩藏在叶间的白色小花吸引了我的视线。它若隐若现地朝我点头，似乎在说："我在这儿，快来，你看到我了吗？"我欣喜地走向它，踩在路缘石上拨开挡在前面的树枝，看到了洁白的、如张开翅膀的蝴蝶精灵一般的花儿。只见"海州常山"有4朵正在盛放，但又各有差异。右边两朵花的雄蕊挺拔优雅，像一个舞者极尽伸展，雌蕊几乎被淹没在雄蕊间；而中间和左边这两朵花的雄蕊开始有点耷拉下来，使得一枝独立的雌蕊变得显眼起来。终于想起它就是我们之前来看"海州常山"的地方，为了进一步确定，我打开软件进行了识别，答案果不其然。

"海州常山"的花和果

我伸手将"海州常山"的花拉到眼前,一股香水百合的气味在我周边弥漫开来,原来"海州常山"的香味是这样的,令人陶醉。正在我全神贯注地欣赏时,飞来了一只长喙天蛾,这家伙丝毫不介意我的存在,带着它那长长的喙管,快速地扇动着翅膀,发出清晰的嗡嗡声,梭形肥胖的身体并不妨碍它灵活地移动,它不停更换花朵吸食着花蜜,心无旁骛。这一小株"海州常山"高 1.8 米左右,看上去比较柔弱。我弯腰钻进灌木丛仔细查看,在不远处发现了另一株树干比较粗壮的"海州常山",还看见了其盛开的花朵和没有完全成熟的核果,那它应该就是母株了。

与"海州常山"的第一次正式见面,可以令我久久回味了。

也是在黄老师的自然教育课上,我对喜树有了初步认识。自此,我发现喜树在府山上几乎随处可见。府山西门城墙上有一大片壮观的喜树林,上次远远地看以为是开花了,走近了才知道那些星星点点挂在喜树枝头的是喜树果实。喜树果实的形态令我很感兴趣。它带着一条黄绿色细长的果柄,果实整体看上去像是一个黄绿色的圆球,细看时像是一簇扎在一起的小香蕉。每次我总是只遇见喜树的果实,从未见过它的花。一是因为喜树花长在高高的树上无法近距离观察;二是不够用心,总是错过喜树的花期。明年的 5～7 月,我一定要去看看它的花。从中国植物图像库里找到了喜树开花时的样子,一眼看去竟和八角金盘的花序有些相似,只是一个长在高高的枝头遥不可及,另一个长在低处比较容易观察。

喜树果实

和自然相处的时间，总是过得特别快，虽然短暂，却已经令我心满意足。对于自然，越了解，越深入，越谦卑。

2022-10-31 至 2022-11-01　13～21℃ 阴 空气优

10月31日上课，整理资料，与学生聊天谈心，梳理、解决了很多事，令我安心。

11月1日，我和班里的一位学生一起去拜访府山。我们一路轻松随意地聊天，她喜欢自然，对我给她介绍的植物很感兴趣，也会主动提一些问题，我看到她眼里有不经意闪过的笑意。我们在一片叶子上看见了一只天牛，它正在树叶间巡逻，两条细长的触角像天线般长在头顶，使得它看上去威风凛凛。一刹那，天牛踮起脚展开它的鞘翅，"噗"地飞到了路对面的树梢上。这应该是它所能飞行的较远距离了。

我们沿路捡了漂亮的树叶，有香樟、梧桐、枫香、玉兰、朴树，等等，它们每一张都与众不同，令人爱不释手。我们还收集了落在地上的果实，有喜树的香蕉串，还有结构奇特的枫香果实路路通。我带她去看我的老友——"海州常山"，闻它香水百合般的浓郁香味；我们还发现了好多爬藤植物，如菟丝子、络石、黄独、臭鸡屎藤；我们还偶遇了在吸食八角金盘花蜜的某种马蜂。这真是一席丰富的自然盛宴！

幸好，还有大自然。

2022-11-02 至 2022-11-03　12 ～ 20℃ 多云 空气良

作为目前为止对小友观察的总结，我应承了易咏梅老师关于植物形态分享的邀请。在整理资料的时候，我发现对小友的有些结构还是不够清晰，比如苞片、芽鳞等概念，那就慢慢回顾，慢慢整理。

2022-11-04 至 2022-11-05　9 ～ 19℃ 阴 空气优

11 月 4 日，我大致完成植物形态结构术语分享稿，继续修改细节。
11 月 5 日，上午上植物科学画课程，晚上陪伴家人。

2022-11-06　10 ～ 20℃ 多云 空气优

通过将近一个礼拜的梳理和总结，我终于完成"植物形态结构术语"的分享稿，晚上在壹木自然读书会群里做了分享。直到分享的前一天晚上，我一直都在整理思路，写这篇分享稿和写论文差不多，都挺难的。通过对分享稿的整理，最终确定讲一讲与"玉兰小枝"相关的一些形态术语。

对于树的各部分认识的过程是循环往复的，可能一时的结论随着时间或认识的深入又被推翻，重新进行认识和定义。关于冬枝上的一些结构术语，有很多对我来说也是经历一番曲折才慢慢认识的，并且还在不断认识的过程中。

这期间我慢慢了解了玉兰花苞外面的几层"毛皮大衣"芽鳞，它们其实是植物的变态叶。在植物进化史上，为了保护花芽，玉兰某些叶的叶片、叶柄退化，其托叶则变为毛茸茸的芽鳞。少数芽鳞上会长出一个绿色的小叶片，而叶柄与芽鳞则合生了，这样的绿色小叶片没办法继续长大，因为主导它们命运的芽鳞注定会在玉兰花开放之后脱落，它们已经不能再自己做主过"叶"的生活。除了芽鳞外，通过树友们不断地交流探讨，我进一步对节、节间、叶痕、托叶痕、皮孔、芽鳞痕、维管束痕、花芽、叶芽等有了更深入的认识。

但是，对于植物苞片的概念我却一直不够清晰，于是在这一次的整理中特别对苞片进行了较为深入的探究。

先来探究一下苞片到底是什么。

在平时，我们常会看见有些植物长着很像花瓣的结构，比如叶子花、马蹄莲、一品红以及中国特有树种珙桐等。这些长的很像花瓣的结构，却并

没有长在正常花瓣的位置，而是由花底下原本保护整朵花的特殊叶片发育过来的。这些装扮得与花瓣类似的特殊叶片就被称为苞片。

那么，我们该如何判定看着很像花瓣的植物结构是不是花瓣呢？这时，我们就不能只看它的长相了，而是要看这个结构的起源与发育的位置。花瓣本质上是特定位置的叶片，演化出了颜色与气味，发挥特定的功能，在植物繁殖的过程中，起吸引昆虫等动物来传粉的作用。这也就要求花瓣一般要与萼片、雌蕊、雄蕊绑在一起，形成明显的四轮结构，固定在花托上。这四轮结构的位置在花的发育中也是固定的，第一轮的萼片保护与支撑着其他花的器官，第二轮是花瓣，负责吸引传粉者，雌、雄蕊是第三轮和第四轮，藏在正中间被保护着。

现在就可以来看看苞片了。

首先，苞片和花瓣一样是一种变态的叶，虽然都是变态叶，但苞片和花瓣的本质区别是，苞片长在很多花和花序的下方。苞片的类型很多，有的像叶子，有的像花瓣。一些苞片在生殖过程完成之前就脱落了，另一些苞片则会在花（果）序的整个生长过程中宿存，保护正在发育的果实。

植物的苞片还具有双重功能：一些植物的苞片颜色绚丽，模仿了具有显眼颜色的花瓣，以吸引传粉者，如叶子花、珙桐等；另一些植物的苞片则可以为发育中的花或果实提供保护性屏障，让它们可以免遭食草动物的啃食或不利环境的伤害。多毛的苞片还能遮挡风和热量，苞片上的刺则能让动物不敢下口。所以，我们可以得出的结论是，苞片是花朵或花序外的保护结构，它并不属于花的部分。

再回到木兰科植物。《DK植物大百科》中写道，大多数被子植物不是单子叶植物就是双子叶植物，但还有一些被子植物不属于这两大类群，它们是一些所谓的"原始"种，这些"原始"种只占被子植物总数的不足5%。木兰科、樟科、胡椒科及其近缘科都是与古老的被子植物相似的现存后代。[1]

木兰科植物是地球上最早出现的被子植物类群之一。与很多被子植物

---

① 英国DK出版社.DK植物大百科[M].刘凤，李佳，译.余天一，申订.北京：北京科学技术出版社，2010.

不同，木兰科植物的花具有一些较晚才演化出来的特征，一般树种不存在这些特征，它们没有形态分明的萼片和花瓣。木兰科的花芽在绽放前被苞片包裹着，而不是被保护性的萼片包裹，这些苞片在花开放前会依次脱落。木兰科花的外侧是呈轮状排列的花被片，我们没有看到花的正常结构萼片，是因为它的萼片和花瓣彼此并未分化。

在之前的讨论中白老师还特别提出"托叶痕"的概念。于是我又特意去查了一下托叶。

很多植物的叶片在它叶柄的基部会长出一个结构，即托叶。托叶在真双子叶植物中较为常见，每片叶的基部都有一对托叶，除此之外，在一些单子叶植物中也有单独的托叶。托叶可以有多种适应形态，以执行特定的功能。有些植物用托叶进行光合作用，如豌豆的叶状托叶；有些植物把托叶作为攀缘用的卷须，如大叶菝葜的卷须状托叶，可以用来缠住支撑物，满足植株的攀缘需求；还有些植物的托叶是鳞状或刺状的，可以为自己提供额外的保护。

了解了托叶的概念和形态，我们就可以来看看玉兰的托叶了。

四五月份拍摄的芽枝形态

上面两张图片是四五月份拍的，那时，玉兰的叶子已经差不多快长好了。从去年的老花枝上可以清晰地看见之前的叶痕和环形的托叶痕，新长出的嫩枝上可见呈互生状的叶子，但并不能看见明显的托叶结构。难道是我没有观察到吗？忽然想起，在叶子刚刚展开的时候，我曾经对它进行了仔细的观察并进行了记录，那时的枝条并没有长长，所有的叶子是一片包裹着另一片的，而每一片叶子在展开之前外面还包裹着一层薄薄的结构，等叶子展开之后，这个结构就慢慢枯萎掉落，该结构应该就是托叶了。这一发现令我兴奋，也有一种恍然大悟的感觉。

　　我找到当时的记录，回想起在那个时候我其实就已经知道这个结构是托叶了，但是早已被我遗忘了。这也再一次证实了观察的过程就是一个反复认识、反复遗忘的过程。看一次，记一次，忘一次；再看一次，再记一次，再忘一次，到最后就真正内化到自己的认知里了。

　　详细的内容可以回去翻看 3 月中旬对叶子及托叶的观察记录。3 月 24 日拍摄的叶芽基本定型。总结观察的结果，我发现常规的叶芽一般前后会长 4～5 片不等的叶子，最外层是芽鳞，后面 3 片叶子陆陆续续长出来，被包裹在第一片叶子内部，一片包裹着另一片，每一个新的叶芽出来都有一片对生的托叶包裹。下图中还可以观察到最后一片叶片的托叶。

3 月 24 日的叶芽

　　在和半边莲老师聊苞片、芽鳞、托叶痕的时候，我发现玉兰老枝叶腋处的那个芽并不一定会萌发。半边莲老师说这是备用芽，如果顶芽遇到意外，那么这根枝条上的备用芽就会挺身而出替换顶芽萌发。对于这些可能出现的意外，植物早就安排好了。而据我观察，并不是所有老枝上的腋芽都不会萌发，有些腋芽能萌发长成侧枝，我猜想这可能与营养的输送有关。但大体的规则是顶芽优先，如果还有富余，那么枝上叶腋处的芽可能也会得到萌

发和长成花枝或芽枝的机会，如果没有剩余的营养，它们就心甘情愿地沉寂、退让。

通过持续的观察和以上资料的查阅，我对目前的认知进行了梳理和总结。

关于芽鳞、苞片、托叶等不同的名称：芽鳞的本质是托叶，包在花芽外面。我们习惯性地称为芽鳞的结构，是由托叶演化而来的，是苞片的一种形态；而包在叶芽最外面、比较厚的那层结构，我认为也可以称为芽鳞，因为它和保护花芽的芽鳞一样，陪伴叶芽走过夏、秋、冬三个季节，但这层包在叶芽最外面、比较厚的结构其实本质上也是托叶，只是厚度上和保护内部叶子的结构不一样，里面的每一层包裹在叶子外部的那层结构比较薄，称为托叶。

因此，保护花芽的芽鳞脱落后形成芽鳞痕。根据前面的推断，这个芽鳞痕本质上也是托叶痕，只不过在花芽外面的脱痕叫芽鳞痕，而在叶芽外面的脱痕叫托叶痕。

因为花芽就单纯是花，在纵向上不会再明显生长，因此，芽鳞脱落后的芽鳞痕（托叶痕）显得比较密，而保护叶子的托叶掉落后，环状的托叶痕随着枝条的生长，两个托叶痕之间会离得越来越远。因此，托叶痕相较芽鳞痕来说就稀疏得多，形成一疏一密的明显对比。

我终于明白了。

第二十一章
冬季始，霜雾频繁、万物收藏之立冬

立冬

唐·李白

冻笔新诗懒写，寒炉美酒时温。

醉看墨花月白，恍疑雪满前村。

立冬，二十四节气中的第十九个节气，冬季的起始。

立，建始也；冬，终也，万物收藏也，生气开始闭蓄，万物进入休养、收藏状态。立冬代表着冬季的开始，是天气由凉转冷的转折点。此时，秋季作物全部收晒完毕并入库，动物也已藏起来准备冬眠。

立冬分为三候："一候水始冰，二候地始冻，三候雉入大水为蜃。"说的是一候时，水面开始结冰；二候时，气温降到零度，土地表层开始冻结；三候这一句里的"雉"指野鸡一类的大鸟，"蜃"为大蛤，全句意为三候时，野鸡一类的大鸟便不多见了，而海边却可以看到外壳与野鸡的线条及颜色相似的大蛤。

万物趋于平静而养精蓄锐。玉兰树叶子渐黄，慢慢凋零，花芽、叶芽等待来年的灿烂。

楼下枇杷花开。当我们抬头能清楚看见苦楝子挂满枝头的时候，冬天也就到了。

2022-11-07 11 ～ 22℃ 晴 空气优 立冬

今日立冬，冬季自此开始。

准备好迎接冬天，冬是贮藏，也是希望，万物趋于平静而养精蓄锐。我的小友也一样，树叶渐黄，慢慢凋零，而花芽和叶芽早已在默默孕育，等待来年的灿烂。

早上从食堂出来，看到一片樟叶躺在地上，透过朝阳看它，太美了。我将小友、枯叶和四季鹿的合影，加上这片香樟叶和我定点观察的小枝一起制作了今日的节气照，这是我献给立冬的礼物。

小友立冬节气照

2022-11-08 12 ～ 23℃ 晴 空气良

今晚的超级红月亮你看了吗？

我赶在月亮初亏的时候下楼，发现用手机根本拍不出效果，于是又赶紧小跑着返回工作室取出相机，终于拍到一张较为满意的照片，但细节就说不上了。此时，CC 和王彬在迎恩门上发回了通过天文望远镜拍摄下的超级红月亮的精美图片，令我一饱眼福。

2022-11-09 至 2022-11-11　13 ～ 23 ℃ 晴 空气优

记录这几天的日常：上课，写课题。

我看到这几日的云像鱼鳞一般，铺满了半边天，它们与我一路相随。此时，小友的树叶渐黄，它们陆续凋落，轻轻地散落在麦冬上。无患子边上的那株二乔玉兰，和我的小友比起来，叶子显得更加厚实，密密匝匝的树叶一层叠着一层。再细看的时候，我发现在它那已经开过花脱落的圆痕两边大多都长出了两个花枝，由此可知这株二乔玉兰的开花率要远远高于小友。我注意到它新长出的花枝普遍都比较短，有些只有 2 ～ 3 厘米，在这段花枝上长有距离很近的 3 ～ 4 片叶子，环状托叶痕明显。越观察，我越不敢肯定它究竟是哪种玉兰了。但这似乎并不重要，反倒使我对它充满了更强烈的好奇心和继续观察一探究竟的决心。

2022-11-12　18 ～ 28℃ 多云 空气优

今天晚上我去解放路与鲁迅路交叉口的鲁迅铜像广场附近办事，结束后我顺便往东朝鲁迅故里的方向走了几步。

鲁迅故里是鲁迅诞生和青少年时期生活过的地方，是原汁原味解读鲁迅作品的真实场所。鲁迅故里离我工作和生活的地方不远，虽然我在绍兴生活了 20 多年，平时却不常来这里。多年前我曾经陪着宁波姨妈、姨父、表弟和奶奶来这里游玩过，为了看植物我也专门去过几次百草园。这次，我往鲁迅故里的西入口走了几步，但并未进入主街。

在咸亨酒店主入口的右侧，一株身形高大的银杏吸引了我的目光，只见它粗壮的树干充满了力量，部分外层的树皮都已剥落，露出坚硬致密的韧皮部。当我的视线从树干慢慢上移的时候，忽然看见满树的银杏叶中跳出了一些不一样的叶子。虽然是晚上，但在这株银杏的底部恰好有一盏灯照射着银杏的树身，让我很容易就发现了这个异样。只见这株植物直接从银杏的树干上生长出来，与银杏衔接的地方因为多年的生长而膨大虬结在一起，几乎与银杏树干融为了一体，它那新生的树枝细细软软的，深裂而嫩绿的叶子看上去十分清秀。看着它，我感觉有点陌生，但又有点眼熟。

银杏树上的一株小树，枝条柔软稍下垂

我弯腰在树下寻找了一番，果不其然，我发现了几片特别的叶子。我用手仔细摸了它的正面和反面，心里已经有了初步的判断，但又不能百分之百确定，于是去征求了黄老师的意见。得到的回复是：构树。和我的猜想是一样的。我对构树再熟悉不过，又想起它的做派，即使在水泥缝中也能顽强生长，何况是在银杏树干上，也不足为奇了。

构树树叶

看完银杏和构树，我又往里走了几步，来到鲁迅故里西入口，抬眼看见一轮明月挂在天空，与"人"字形屋檐下的灯光遥相呼应，天上人间，近在咫尺。没有继续往里走，我折返回来，路上买了一碗臭豆腐，边走边吃，心满意足。

2022-11-13　12～17℃ 多云 空气优

昨晚气温急剧下降，今天一早起来已经感觉冷飕飕的了，似乎在一日之间从夏天直接进入冬天。

这几天上下楼的时候，我看到楼下的枇杷花开了。枇杷圆锥状的花序有的已有大半的花朵绽放，有的只开放了一两朵，有的整个花序都还处于花骨朵的状态。这个时期的枇杷花序能比较方便地让我观察到它的结构。呈圆锥状的花序一簇簇长在枝顶，目测总长 10～20 厘米，每个花序具有小花 20～30 朵，总花梗和小花梗上都密密地覆盖着一层锈色的茸毛。这几天，大部分的枇杷花序都只有零星几朵绽放，除此之外，有的依然被毛茸茸的花萼包裹得严严实实，有的急不可耐地露出了一小块或大半个黄白色的脑袋。

我选定其中一个花序进行深入观察。这个花序个头不大，花梗总长 8 厘米左右。在总花梗上又分化出 4～5 个小花梗，每个小花梗长 1～3 厘米，着生在其上的花骨朵个数也不等，有 3 朵的、5 朵的，也有 7 朵、9 朵的。圆锥花序的顶端就直接连着总花梗而不再分化，这里着生的花苞个数也是最多的，目测超过 10 朵。总花梗上有一层叠着一层的总苞片，每个小花梗和每朵小花的花萼外面还有苞片保护，可谓是层层呵护。

枇杷总花梗苞片　　　　　　枇杷小花梗苞片　　　　　　枇杷花

我通过查阅资料，才知道枇杷竟然是蔷薇目、蔷薇科植物，这让我感觉有点意外。在我的潜意识里从来没有把蔷薇与枇杷这两种外形相去甚远的植物联系在一起，这次对它们算是重新认识了。蔷薇科植物根据心皮数、子房位置和果实特征分为 4 个亚科：绣线菊亚科、蔷薇亚科、苹果亚科、李亚科。枇杷属于苹果亚科。

马炜梁老师在《中国植物精细解剖》中对枇杷有如下描述："常绿木本。叶大，互生，单叶。花排成顶生圆锥花序；被丝托杯状，萼裂片 5，宿存；花瓣 5，有柄；雄蕊约 20；雌蕊 1，子房下位，2～5 室，每室有胚珠 2 颗。梨果。约 30 种，分布于东亚。我国产 14 种。"[1]其中的"被丝托"引起了我的注意，在我的认知里，这是目前为止从未听过和看过的一个词。

为了解开这个疑惑，我解剖了一朵枇杷花。

我想用解剖刀从花序上取下其中一朵小花，但发现小花花柄连着总花柄的部位比较坚硬，稍用了点力气才将它完整取下，切割的时候刀片和柄之间发出轻微嘎吱嘎吱的、涩涩的摩擦声，听的令人牙根发痒。可以看见小花柄截断部位质地致密、干燥。我分别从背面、侧面、正面给小花拍了三张照片，如此，可以看到一朵花的整体形态。小花直径 12～20 毫米，花瓣有 5 片，白色中透着点淡黄。花瓣长圆形或卵形，长 5～9 毫米，宽 4～6 毫米，顶端有缺刻，花瓣脉络清晰，边缘呈小波浪形，微微往下翻卷，正面中下部覆有锈色稀疏的长茸毛。

马炜梁老师在《中国植物精细解剖》中提到枇杷花瓣基部具爪，根据这个描述，我在显微镜下前后左右仔细观察了一番，但不能确定到底哪里是这个结构，或许就是花瓣连着花丝、花萼和花托那个弯曲的部分呢？

基部具爪

枇杷花花瓣基部

---

① 马炜梁. 中国植物精细解剖 [M]. 北京：高等教育出版社，2018.

　　我把枇杷花从中间纵向切开，清楚地观察到枇杷花子房下位的结构。花柱5个，离生，柱头头状，无毛，长3毫米；雄蕊20个，远远短于花瓣，花丝基部扩展，长10毫米。花萼底部包着3层2～5毫米的钻形苞片；萼筒长8毫米，呈浅杯状；萼裂片5枚，宿存，呈三角卵形，长2～3毫米，先端急尖；苞片、萼片、萼筒外部都密被锈色茸毛，质感像绍兴乌毡帽，也像平时吃的肉松。子房顶端有锈色茸毛，从横切面可以观察到枇杷花5室子房，每室有两个胚珠。仔细观察过各个部分，那么马炜梁老师所说的"被丝托"究竟在哪里？而且"被丝托"又是怎样一个结构？

 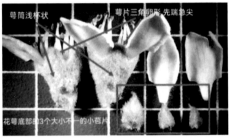

纵向切开枇杷花　　　　　　　　　　正面、背面图

　　通过查找资料以及与半边莲老师的探讨，我慢慢揭开了"被丝托"的神秘面纱：很多蔷薇科植物的花托中央部分向下凹陷并与花被、花丝的下部（雄蕊基部）合起形成盘状、碗状、杯状、筒状或壶状的结构，使花成为周位或上位，如珍珠梅、桃、蔷薇等，这个结构被称为被丝托或托杯。以前对这部分的结构命名比较含糊，常被误称为"萼筒""花托"。

　　高素婷在《关于〈植物学名词〉中三个术语汉译名的意见》中写道："中科院植物研究所研究员王文采以'关于一些植物学术语的中译等问题'为题发表了两篇文章，其中对《植物学名词》中的三个术语的中文翻译方面提出了不同意见，对'被丝托'的表述如下：托杯是被子植物某些群的花的一种构造，由花托、花被和雄蕊等共同形成，呈盘状、碗状、杯状、坛状或筒状。'托杯'只能代表五种形状之一，不够恰当。王文采建议改为'被丝托'（'被'代表花被，'丝'代表雄蕊）。"[①]

　　王文采院士提出的"被丝托"概念，被华东师范大学教授马炜梁在彩图

①　高素婷.关于《植物学名词》中三个术语汉译名的意见[J].中国科技术语，1999（2）：38.

版《植物学》教材中使用。2019 年全国科学技术名词审定委员会发布的《植物学名词（第 2 版）》也采用"被丝托"作为该术语的中文译名。王文采院士从事植物分类学、植物系统学和植物地理学研究 70 多年，两次获得"国家自然科学奖"一等奖，有着严谨的治学态度。

结合王文采院士的资料，到此为止，我终于揭开了"被丝托"的神秘面纱，对我来说这又是一次值得记录的突破。将纵向解剖的花朵放大，可以清楚观察到枇杷花的花丝基部、花萼、花瓣和花托融合在一起，它们彼此之间紧密结合，不分你我。

被丝托

学校里除了在老东图楼的天井里有一株枇杷外，月明音乐楼的内庭院也有三四株。许是每天沉浸在叮叮咚咚的钢琴声中，这些枇杷长得特别好，每到果实成熟的季节，它们总是硕果累累。音乐学院的张老师这个时候总会在朋友圈晒出黄灿灿诱人的枇杷果照片，引得人垂涎欲滴。遗憾的是虽近在咫尺，我却直到现在还未曾动身前去品尝过美味。枇杷果除了生食还可以用来制作蜜饯和酿酒，枇杷叶更有化痰止咳的功效。

对于枇杷，我终于有了初步的了解。

2022-11-14 至 2022-11-15   12 ～ 14℃ 阴 空气良

11 月 14 日，下楼的时候我又停下来仔细看了枇杷，接着前往学校开始一天的工作。到了工作室楼下，自然也不忘看看我的小友和那渐黄的树叶以及默不作声的四季鹿。

11 月 15 日，去儿子学校处理一些事，走到教学楼前，一株高大金黄的树木吸引了我的目光，走近一看，发现它原来是苦楝啊！最近很多植物的树叶都在慢慢转黄，包括无患子和银杏，这两种是我平时关注的比较多，也是比较常见的树种。而苦楝，我确定以前有点忽略了它的美，所以，在这个深秋，它给我带来了意外的惊喜。

2022-11-16　9 ～ 19℃ 阴 空气良

昨天与儿子学校教学楼前苦楝的那一次见面令我念念不忘。于是，今天一早起床，我就想着要去一趟王化村，或许有什么偶遇。我沿着平王线跟着感觉一路开车，最后来到了宋家店上村，心里期待着能遇见另一株苦楝。这不，一下车我就被河边明晃晃的那片黄紧紧抓住了眼球。

也是在学校河东校区那排无患子的边上，有一株高大的楝树，每年四五月份，可以看到紫色的花朵梦幻般地笼罩在高高的枝头。因为太高，所以从来只能远远地欣赏。宋家店上村的这株苦楝长在河边，植株不高刚好方便观察，明年它开花的时候可以再来看它。我查了《中国植物图像库》，看到其中记载的苦楝花很漂亮，有 5 片倒汤匙形的花瓣，颜色从乳白色到紫色。楝花中间筒状的小花是雄蕊管，外表面是紫色的，上面有着细密的茸毛，花药附着在管内壁。二十四番花信风中有说"始梅花，终楝花"，楝花开完，春天也就结束了。花开过后开始结果，苦楝树的果实有着长长的果柄，果实呈椭球形。从夏到秋再到冬，绿色的果实先是与树叶一样的嫩绿色，随着时间的推移，慢慢变成青黄色最后再到黄褐色，果实也由饱满渐渐变得干瘪。苦楝树的果实较为苦涩，并不适合人类食用，但是有很多鸟儿都喜欢吃。这或许也是苦楝的生存之道。

金黄的楝树　　　　　　　楝树果实　　　　　　　手绘楝花

当我们抬头能清楚地看见苦楝子挂满枝头的时候，冬天也就到了。

2022-11-17 至 2022-11-18　15 ～ 19℃ 阴 空气优

这几天我忙着整理资料，填报年度业绩。学期已经过去一大半，2022年也只剩一个半月，时间如梭。

"植物那些事"课程学生的优秀作品即将开展。这些来自全校各专业没有绘画基础的学生凭着热爱创作的植物观察笔记，令我感触良多。

美术楼北侧有一株高大的杨树，杨树上金黄的树叶泛着诱人的光泽，犹如上了一层蜡，这段时间它们开始陆续飘落。晚上我从工作室出来的时候，天差不多已经全黑了，朦胧中我看见高大的臭椿光秃秃地立在那里，身上的叶子几乎快掉完了。一年观察下来，臭椿是这组植物中发芽最晚，落叶最早的那一位。此时的小友和朴树与臭椿树比起来，枝条上的叶子还显得很是丰茂。

2022-11-19　16 ～ 18℃ 阴 空气良

今天从浙大李攀老师那里为绍兴文理学院分别申领了 2 株琅琊榆和醉翁榆树苗，其中琅琊榆为濒危物种，醉翁榆为极度濒危物种，希望自己也能为濒危和极度濒危的物种贡献微薄的力量。等待着它们的到来。

2022-11-20 至 2022-11-21　11 ～ 17℃ 多云 空气优

11 月 20 日，我领着儿子先去做了牙齿，接着陪他去府山观察了蚂蚁。

11 月 21 日，将近中午的时候我和张先生一起去了阳明故居，走了仓桥直街，去吃了午饭，接着处理各种杂事，填写本年度业绩。

第二十二章

天气寒，江河封冻、天地闭塞之小雪

小雪日戏题绝句

唐·张登

甲子徒推小雪天，刺梧犹绿槿花然。

融和长养无时歇，却是炎洲雨露偏。

小雪，二十四节气中的第二十个节气，冬季的第二个节气。

小雪是反映降水与气温的节气，是寒潮和强冷空气活动频数较高的节气。小雪的到来，意味着天气会越来越冷、降水量渐增。

小雪分为三候："一候虹藏不见，二候天气上升地气下降，三候闭塞而成冬。"说的是在小雪一候时，阴气旺盛阳气隐伏，天地不交，所以"虹藏不见"；二候时由于天空中的阳气上升，地中的阴气下降；三候时天地不通，阴阳不交，万物失去生机，天地闭塞而转入严寒的冬天。

玉兰树的树叶越来越少，花苞开始显山露水。一年悄无声息地即将过去，似无变化实又变了。

廊桥下那片银杏有着耀眼明净的黄，朴树一直在掉叶子，臭椿树早已变得光秃秃了。

2022-11-22　13～19℃ 阴 空气良 小雪

小雪这个节气期间的气候寒未深且降水未大，故名"小雪"。

小友小雪节气照

记录小雪时节小友和它的邻居们。臭椿树最晚发芽，最早掉完叶子。小友的叶子还算多，花苞已经开始显山露水。朴树一直在掉叶子，但胜在叶子数量多，看上去依然比较茂盛。

2022-11-23　11～18℃ 阴 空气优

真正对植物的尊重，就是接受它们干枯之后的样子，就像人老了、动物老了，依然值得我们去珍惜，去发现他们历经沧桑的美。可不就是这样吗？努力萌芽，热烈开花，丰盛结果，默默枯黄。自在、顺遂、坦然接纳，每时每刻都是最好的模样。这正是薛富兴"只有自然美，没有自然丑"的观念。

我深以为然，这个时期大自然的植物恰是如此。小友的树叶一天比一天少，每一个阶段都有独特的美。今年定点观察的花苞小乔左右两边长出的都是叶枝，明年无缘再在它的枝顶观赏到美丽的花儿，不过，我又对后年充满了期待。

2022-11-24 至 2022-11-26　13 ～ 19 ℃ 多云 空气优

这几天，只要从学校南门进，我都会特意绕到廊桥下的那片银杏林去看看。每到这个季节，扇形的银杏叶差不多都黄透了，虽然是阴天，但依然挡不住它们那金灿灿耀眼的黄。

11 月 25 日，许久未见的老友瑜芳来访，我放下手头工作，和她畅聊一下午。

11 月 26 日，查看天气，从下周二开始，随着寒潮主体跨过长江，南方的断崖式降温将拉开大幕。我和小友一起准备迎接冬天的到来。

2022-11-27 至 2022-11-28　13 ～ 22 ℃ 阴 空气优

11 月 27 日是家庭日，和儿子相处，一起整理房间，做家务，聊天……儿子说要参加下周四的文艺汇演，跳街舞，这有点令我和他爸爸出乎意料，跳的好或者不好都是其次，能够上台已经是很大的突破了，加油，小朋友！

11 月 28 日中午开始打雷，一道道闪电从天空划过，像是要将天空撕裂一般。

在楼下遇见一截掉落的水杉小枝，我将它捡起来放置在水杉斑驳的树干上，可以看到它的每片叶子都从尖端开始变成焦黄，再从外围的焦黄慢慢过渡到棕黄最后再到绿色，形成独特的渐变色。我一直以为水杉的叶子是羽状复叶，但又觉得它和一般的羽状复叶不太一样，上次树友的分享也证实了我的想法。确实，水杉每一小条叶片，都是独立完整的一片叶子，一般长 0.8 ～ 3.5 厘米，宽 1 ～ 2.5 毫米，上面呈淡绿色，下面颜色较淡，沿中脉有两条比边带稍宽的淡黄色气孔带，每带有 4 ～ 8 条气孔线。水杉的小叶在侧生的小枝上列成 2 列，羽状，冬季与枝一同脱落。

掉落的水杉叶

很多时候，我们潜意识里以为的并不一定是准确的，所以，借助工具书进行求证就显得非常有必要。正如薛富兴说的那样，在物性欣赏的层面，要实现恰当、深入、细致地欣赏自然，求助于自然科学知识，诸如地质学、物理学、生物学、生态学等具体科学，是必由之路。[①]

2022-11-29 至 2022-11-30　7 ～ 18℃ 阴 空气优

这几天我的思路有点乱，所以我打算继续整理材料，说不定就慢慢明晰了。

11 月 30 日一夜寒风，我早晨起来看到天气预报发布了地质灾害气象风险黄色预警，气温较昨天下降近 10℃，出门的时候，我感觉风刮在脸上生疼，看来羽绒服要登场了。

今天超妈在群里发布了"观察一棵树"的最后一次任务：12 月 11 日第九次（最后一次）线上分享。这次分享的内容为写诗，内容可以是围绕着观察一棵树的收获或心中一年来对树的感情，把这些感受用诗的形式表达出来。期待 11 日晚上的到来，到时大家可以尽情朗诵，尽情抒发，甚至还可以尽情高歌。

[①]　薛富兴 . 自然美特性系统 [J]. 美育学刊，2012，3（1）：11-23.

有部分群友已经奉上了精美的诗作，每一首都是真情实感的流露，令人动容。

我也想对我的玉兰表白，脑海里想到了《读你》那首歌，不禁哼唱起来。听着蔡琴的歌，窗外下起了雪。寒冷的冬天，温暖的办公室，温暖的歌。

2022-12-01　0～5℃ 雨夹雪 空气优

昨晚回家的路上下起了雪，冻得我直打哆嗦。今天一早醒来就看见房顶上、树梢上堆积了一层薄雪。冬天说来就来，干脆直接。今天有事，没去学校看望我的小友，它的叶子还在吗？希望明天我还能看到雪中的它。由于急速降温，丹家的花儿来不及凋谢，一夜之间进入速冻状态，就如水晶雕塑般，留下了最美的样子。

2022-12-02 至 2022-12-04　1～6℃ 阴 空气良

12月2日，晨起，我只在房顶看到薄薄的一层雪，树上基本没有雪的痕迹了。昨天没有出门，我的汽车前挡风玻璃依旧被雪覆盖着。

接下来的两天我处理期末杂事，整理资料。

2022-12-05 至 2022-12-06　3～7℃ 阴 空气优

这个时节传信桥头无患子的金黄从香樟树丛中跳脱出来；小友的树叶越来越少了，树身上部差不多快掉完了，中下部倒还有不少。

小友的树叶日渐稀疏

12月5日，为自己的自然名"四叶草"和群友紫叶的自然名设计了一个图案，过程很有意思，享受其中。

自然名的图案设计

12月6日，我又绕到河西廊桥下看那片银杏。那耀眼明净的黄啊，永远都看不够。

第二十三章
仲冬始，阴盛而衰、阳气萌动之大雪

江雪

唐·柳宗元

千山鸟飞绝，万径人踪灭。

孤舟蓑笠翁，独钓寒江雪。

大雪，二十四节气中的第二十一个节气，冬季的第三个节气。

大雪节气标志着仲冬时节正式开始。

节气大雪与天气大雪意义不同。大雪是一个气候概念，它代表大雪节气的气候特征，即气温与降水量。

大雪分为三候："一候鹖旦不鸣，二候虎始交，三候荔挺出。"说的是一候时因天气寒冷，寒号鸟也不再鸣叫了；二候时阴气最盛，所谓盛极而衰，阳气已有所萌动，老虎开始有求偶行为；三候时的"荔"指的是马兰草，即马兰花，因为感受到阳气的萌动而开始抽出新芽。

玉兰稀疏的叶在满是花芽的枝头飘摇，四季鹿顶着嶙峋的触角开始新一年的轮回。

鸡爪槭散发出迷人的魅力，绿色的叶子被施了魔法，渐染橙色，直至变成耀眼的深红。

2022-12-07 6～13℃ 阴 空气良 大雪

大雪时节的描述：北风萧瑟，万物深眠，东风凌厉，雪花蹁跹，整个世界银装素裹，如梦如幻。这和实际稍有偏差，因为雪在进入12月时就已经迫不及待地下了一场。

小友大雪节气照

我的小友在树叶落尽前极尽绚烂，认认真真过好当下，从不将就。

2022-12-08 6～16℃ 阴 空气良

玉兰似乎并不准备按节气来。深圳兼葭、四川广汉蒲公英、宁波紫叶等全国各地的树友在"观察一棵树"群里纷纷发来玉兰在大雪仍然绽放的图片，真的比较任性了。这个时节再次开花，大部分是为了有更好的观赏性，这是进行人工培育物种优化的结果。

但是到了大雪，要让玉兰再开花也实在是有点违背常理了。所以树友们观察到的结果是，玉兰虽然开花了，但花瓣却一直不张开，好像花瓣也知道这不是绽放的好时机，而呈现出一种怕冷般地收拢到一起的状态，继续保护花蕊。

2022-12-09　6 ～ 15℃ 阴 空气良

回望这一年，有坚持、有突破，有树友之间的相互鼓励和不断分享，大家你拉着我、我拉着你走完了这精彩的一年，完成了一开始觉得不可思议的一件事。最终，每一个人都得到了成长。

2022-12-10 至 2022-12-11　6 ～ 12℃ 阴 空气良

这几天小友沉默的邻居鸡爪槭开始散发出它那迷人的魅力。春天花开的时候，点缀在枝叶间的红色小花和之后的翅果给它带来短暂的五彩斑斓，除此之外，在大部分的时间里，鸡爪槭都没有太吸引人的亮点。但就像是默默酝酿的好酒，一旦打开坛盖，就算是再深的巷子也会溢满诱人的香气。接近 12 月中旬，鸡爪槭的叶子开始慢慢变化，原先绿色的叶子就像被施了魔法，渐渐染上橙色，又逐渐变成更深的橙红，直至耀眼的深红，令人更加感觉到大自然的神奇。

在蓝天映衬下的鸡爪槭、臭椿和小友，美到炫目

这时的鸡爪槭常被误认为红枫，因为那鲜艳的红色，还因为两者在树形、叶形、果实的形态上都非常相似，如果对它们不够了解，发生指鹿为马的事情也就不足为怪了。红枫和鸡爪槭都属于槭树科槭属的落叶小乔木，但红枫是鸡爪槭的一个变种。所以说红枫属于鸡爪槭，但是鸡爪槭不是红枫，虽然形态相似，但只要留心观察就可以发现两者有很大的不同。

首先，比较明显的区别是叶片的颜色。红枫的树叶一年四季都是红色的。而鸡爪槭的叶子在春季和夏季都是绿色的，到了秋冬季节才慢慢变成红色。另外，两者叶片的开裂程度也不同。红枫的叶子一般为5～7裂，叶子裂片形状为卵状披针形，叶子边缘有重锯齿，每片开裂得比较深，甚至到达叶片基部。鸡爪槭叶子通常有7裂，裂片的形状为长圆卵形或披针形，先端比较尖，而且有锯齿，掌裂较浅，一般只超过一半，最大开裂到叶子的1/3处。

其次，红枫和鸡爪槭的枝干也有区别。红枫的枝干外皮比较粗糙硬实，当年生枝条偏紫红色，老枝呈红褐色。而鸡爪槭枝干外皮比较细腻，枝条比较细且柔软，当年生枝条偏绿色，老枝呈淡灰紫色。

最后，两者的花果期及果实成熟时的形态有差异。红枫的花期是4—5月，果期是10月，其幼果成熟时以紫红色、黄棕色为主。而鸡爪槭则在每年春季5月开花，果实成熟较早，通常在9月初成熟，其幼果成熟时以紫红色、棕色为主，表面无毛。

了解以上几点，相信下次再看见它们的时候就不会认错了。

2022-12-12 至 2022-12-13　2～9℃ 多云 空气良

鸡爪槭是这个时节当仁不让的主角，整树的叶子红里透着黄，舒展的树身亭亭如盖。小友不多的树叶黄得纯粹，也极尽美丽。

河西超市及学生宿舍门口的那株无患子的树叶也是我常关注的对象，和银杏透亮的黄比起来，无患子叶子的黄显得更加浓重，但是再过一段时间来看，它们的颜色也即将会黄得更加纯粹。办公室窗口的那排水杉，这些沉默的朋友，总能给我神奇的力量，令我安静。

2022-12-14 至 2022-12-15　0～9℃ 晴 空气良

12月14日是整理书稿的一天。

12月15日，将近中午的时候，我正在整理资料，班主任一个电话打来，说儿子发高烧了，让我马上去接他回来。我匆匆忙忙地收拾好东西，往楼下走。估计最近一段时间来不了学校了，也不能来看小友和它的邻居了，在离开前，我再一次去探望了它们，希望我们各自安好。

2022-12-16 3～10℃ 小雨 空气优

昨天开始，我对儿子悉心照料，究竟是不是流感已经没那么重要了，关键是尽快康复起来就好。

2022-12-17 -4～7℃ 晴 空气良

上午，我出门去给儿子打印学习资料。虽然有太阳，但风很大，马路上的树叶飘零翻飞，过往的行人行色匆匆，戴着口罩将自己裹得严严实实，萧瑟清冷。学校除了小部分考研和考编的学生留校，基本都已经回家了，偌大的校园空空荡荡。回来后我查看天气才知道已经 -4℃，是近期最冷的一天，再过几天就冬至了。

风似乎等不及了，极尽所能地带走越来越多的树叶。车子开过，带起一片片落叶在空中翻飞。小友和它的邻居此时还是热热闹闹的场景，橙红色的鸡爪槭，光秃秃的臭椿，正在泛黄的无患子，绿意盎然的雪松、肉桂。每天看它们千遍，也不厌倦。小友的叶子已经不多了，稀稀疏疏的黄在满是花芽的枝头飘摇，它们还在叮咛，还在流连，不久的将来，四季鹿又要开始目睹它嶙峋的触角开始新一年的轮回。

今年定点观察的小乔花开过后留下了一个脱落的痕迹，在它的左侧长出的一条叶枝，可见 5 个清晰的托叶痕，而明年这里将不再开花。用一年的时间来见证小友花枝和叶枝的成长和一点一滴的变化，是再美好不过的事。

年年岁岁花相似，岁岁年年枝不同。

2022-12-18 -1～5℃ 晴 空气优

超妈在群里布置了这一阶段的观察任务：写收获。因为一棵树，我们尝试了不少的第一次。当这些第一次变成了一年的坚持，我们都经历了什么？让你欣喜的是什么？让你不喜欢的是什么？我们对来年有什么期待呢？那就慢慢总结、好好思考吧。

2022-12-19 至 2022-12-21　-1～5℃ 晴 空气良

我也感冒了，头晕，喉咙痛，嘴巴干，乏力，还有点怕冷。

幸运的是这几天天气很好，天天艳阳高照。我从早上起床开始就在阳台上追着太阳晒背，一直晒，晒到太阳没影了，天有点冷的时候再关窗。

第二十四章
昼渐长，阴极之至、阳气始生之冬至

冬至

唐·杜甫

年年至日长为客，忽忽穷愁泥杀人。

江上形容吾独老，天边风俗自相亲。

杖藜雪后临丹壑，鸣玉朝来散紫宸。

心折此时无一寸，路迷何处见三秦。

冬至，二十四节气中的第二十二个节气，冬季的第四个节气。

冬至又称日南至、冬节、亚岁、拜冬等，兼具自然与人文两大内涵。冬至是四时八节之一，被视为冬季的大节日。时至冬至，标志着即将进入寒冷时节，民间由此开始"数九"计算寒天。

冬至分为三候："一候蚯蚓结，二候麋角解，三候水泉动。"说的是一候时，土中的蚯蚓仍然蜷缩着身体，结成块状，缩在土里过冬；二候时，麋鹿感到阴气渐退而解角；三候时，由于冬至后太阳直射点往北回返，太阳往返运动进入新的循环，太阳高度自此回升、白昼逐日增长，所以此时深埋在地底的泉水可以流动并且温热。

玉兰留存的树叶不足 10 片，枝条恢复到去年初见它时的模样，枝头重又缀满银色花苞。

苦楝叶子掉完，金黄的小果连着长长的果柄挂在枝头，疏密有致地点缀着灰黑色的树枝。

2022-12-22　冬至 -2 ～ 5℃ 多云 空气良

因为这段时间不方便外出，这几天我都没办法再去看我的小友。于是联系到还在学校的同事，帮我去看了小友，并拍了小友立冬的节气照。和前几天相比，小友身上的树叶愈发少了，寥寥可数。我想，等到我下次再见到它的时候，它应该和去年我初见它时的模样差不多了。

小友冬至节气照

2022-12-23 至 2022-12-25　-2 ～ 6℃ 晴 空气优

这几天，我继续居家办公，填写了"继续教育学时认定表"。

2022-12-26　-1 ～ 8℃ 多云 轻度污染

早上，我从友人的朋友圈里看到一句谚语："初三晴，初六雪，初七初八不肯歇。"意思是腊月初三（昨天）如果是天晴，后天初六就要下雪，而且初七初八还下个不停，那就一起拭目以待吧。谚语是老百姓一代一代传下来的生活经验，而且大概率是可以得到验证的。最近连续多天的太阳，直到今天，太阳确实不如之前明媚，尤其是到了下午，天气阴冷了下来，确实感觉有要下雪的迹象了。

2022-12-27 至 2022-12-28 1 ～ 9℃ 晴 轻度污染

12 月 28 日 17 点 58 分,从孙书记发的朋友圈得知,丹家果然开始下雪了。腊月初三晴天,腊月初六下雪,民间的谚语再一次得到了验证。

2022-12-29 2 ～ 7℃ 阴 轻度污染

自从 12 月 15 日中午匆匆忙忙离开工作室去接儿子回家,其间只有我去打印资料时看了一次小友,整整 11 天未与小友见面了,甚是想念。所以,今天我决定回一趟学校去看看小友和它的邻居们。

寒潮过后路上的很多落叶树都光秃秃的了。通往田径场的这排无患子在这个季节反倒呈现出越来越明媚的黄,再过几天它们的颜色会变得更加纯粹、耀眼。几天不见,鲜红的鸡爪槭叶子稀疏不少,而小友果然跟我预想的差不多,整棵树留存的树叶不会超过 10 片,它的枝条又恢复到了去年我初见它时的模样,枝头缀满了一个个银色的花苞。这一年看似悄无声息地即将过去,好像没有变化,但其实又变了。今年开花的地方,明年不一定还会开花,小枝又往左或者往右长出一小截,要是没有好好关注过它,根本不会察觉到这些变化。

无患子　　　　　　　　　　小友和它的邻居们

而树就那么默默地生长,不争不抢,风霜雨雪,全盘接受,令整日碌碌不停、患得患失的人们感慨深思。

2022-12-30 至 2022-12-31 0 ～ 7℃ 雨夹雪 轻度污染

12 月 30 日晚上,壹木自然读书会举办了年终总结分享会。2022 年对壹木自然读书会来说是硕果累累、沉甸甸的一年。今年是壹木读书会成立的

第六年，前几年，读书会的重心是博物阅读和分享。而今年正如群主小丸子所说的："这一年，我终于明白了读书会的核心价值，就是打造一个可以帮助你实现梦想的平台。"这个想法经过赵云鹏教授的实践，最终完成了。

今年，读书会从博物阅读转向阅读与自然实践结合的模式。正如约翰·沃尔夫岗·冯·歌德说的："思考比了解更有意思，但比不上观察。"我们不再只是从文字里了解自然、感悟自然，还要通过实际的观察和实践，加上阅读来更深地投入大自然的怀抱。

感触很多，这一年跟着壹木自然读书会的脚步，收获了喜悦，也收获了成长。2023 年，我们继续一起创造无限的可能，分享更多的喜悦。幸福地奔向 2023 年。

12 月 31 日，虽然一早大雾，但我预感白天应该是个大晴天，果不其然。虽然温度低，但是房间里暖洋洋的。2022 年的最后一天我继续整理资料，小朋友说要熬夜跨年，而我早早地就睡了。

2023-01-01 至 2023-01-03　1 ～ 10℃ 阴 轻度污染

日落月升，阴晴雨雪，一起奔赴 2023 年。新年第一天，我继续宅家整理资料。

1 月 2 日，天空下着小雨，阴沉沉的。上午带儿子去学校整理课桌，取老师放在教室的寒假作业。在他上楼的空当，我下车又去看了教学楼下的那株苦楝。它的叶子掉完了，留下一个个金黄的小果实连着长长的果柄挂在枝头，疏密有致地点缀着灰黑色的树枝，就像是一幅挥洒自如的作品，令人赏心悦目。

2023-01-04　1 ～ 11℃ 晴 空气良

今天晚上壹木自然读书会组织了"一方自然"项目组"如何做好小区的自然观察"分享会。"一方自然"项目组成员之一的兼葭老师，从 2020年 10 月 1 日正式开启对她所居住小区的自然观察，有着丰富的实践经验。她指出小区观察的特点：一是就在家门口，想看的时候走出家门就可以，比较便利；二是可以持续观察，完整追踪观察对象一年四季的生长与变化；

三是因为便利，不需要消耗太多的精力，往往是顺势而为就可以完成对植物的观察。

　　蒹葭老师同时提出如何观察小区的方法，她认为对小区可以从三个度（深度、宽度和高度）进行观察。这个观点很具参考价值。我想，只有真正的热爱，才可以把一件事情做到最好吧！

　　壹木自然读书会的定期分享令我受益匪浅，也是我在自然中持续前行的强大动力。

　　通过一年的沉浸式观察，要进行诗歌创作便不再是一件难事。所有的艺术创作无不来源于对生活的深入体验，这便是观察的最大意义。

　　我将 12 月 12 日写给玉兰的诗放在结尾，以表达对小友的爱意和谢意。一年虽然结束了，可是我们的故事还在继续……

致小友

你在或不在，看或不看，
它一直在那里，
年复一年，日复一日，
独自绽放，默默凋零。
此前，
不记得曾看过你多少遍，
你站在那里，
任由时光在你身上静静流淌，
风霜雨雪，
鸟兽草木虫，
安然接纳；
高大的臭椿，挤不走你的恬淡，
鲜红的鸡爪槭，夺不走你的耀眼，
谦逊的麦冬，紧紧依偎在你的脚边，
虔诚仰望。
这次，
请允许我靠近你，我的小友，

让我成为你的一部分，

住进你的身体，与你合而为一。

去到你深扎在大地中盘根错节的根，

看你如何日夜不停，

默不作声努力吸取养料和水分，

让自己更加稳固；

去到你强劲的树干，

由外及里，

从树皮到韧皮部到形成层再到边材和心材，

欣赏你那复杂精密的设计，

细细抚摩你那围绕髓心画出的生长轮，

猜测你走过多少个春夏秋冬；

去到你灵动的枝头，

感受你那一笔一画的道劲，

如同骨架般撑起的一片天，

是那道不尽的神奇和力量；

去到那一个个充满生机的芽，

和它们耳鬓厮磨。

那穿着厚实毛皮大衣的花芽，

流光溢彩，雍容华贵，

早春花开过后它就开始默默酝酿，

历经酷暑，迎来金秋，抵御寒冬，

走过漫长的夏秋冬，

只为那惊艳的绽放。

含蓄内敛的叶芽，

带我领略那无穷的力量，

那一层包裹着一层的守护，

如同魔术般点亮我的眼眸，

令人惊喜万千，

从婴儿般的幼嫩到慢慢舒展厚实，

从鲜嫩欲滴的绿到逐渐浓厚的黄及至掉落，

任时光流转，

你淡定从容。

小友啊，

我想去到你身上的每一个角落，

一丝一毫都不肯错过，

我想在你身上尽情歌唱，

诉说对你无尽的赞赏，

我想在你紫色的花瓣尖尖上跳舞，

表达对你无限的缱绻；

我想成为那一颗鲜红的玛瑙般的种子，

在果荚中吊着丝线随风飘荡，

招引鸟儿将我收入囊中，

带我开疆辟土找寻一方天地，

开启一段全新的旅程。

致我那沉默的朋友——玉兰

2022 年 12 月 12 日　四叶草

写于绍兴越城区文理学院美术楼

附录

附录一　植物艺术创作

自人类诞生以来，就一直行走在追寻生命奥秘的道路上。植物除了作为氧气和食物来源外，还是人类艺术创作的重要灵感源泉。在艺术史中，植物的再现从来没有缺席，它们出现在各类艺术创作作品中，诗词歌赋、绘画、音乐、舞蹈、影视、摄影以及各类设计，包罗万象（右图）。

我在观察的过程中对其中一部分进行了整理，并在实践中积累经验，内容包括植物科学画、自然笔记以及在景观设计类课程教学过程中指导学生进行植物设计转化的实践，还包括对部分树友、公众号、设计网站等植物艺术创作资料的收集、整理和总结。

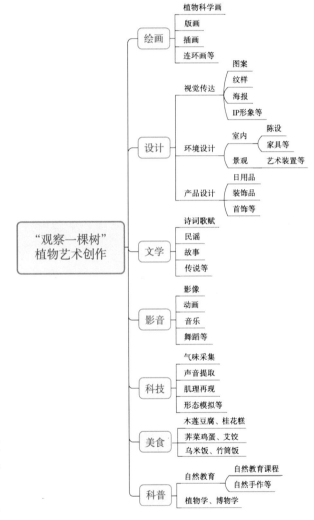

形式多样的植物艺术创作类别

究其根源，植物艺术创作是人类借助植物来抒发内在情感或表达某种文化，在创作的过程中无不体现了人类渴望与自然和谐相处的深层需求。

要说明的是，所有的这些艺术创作都应建立在对植物进行深入细致观察的基础之上，需要观察者自觉建立起完善的、恰当的自然审美眼光，不以人类为中心、不以人类的主观好恶为依据去欣赏自然和植物，客观地遵循植物的形态特点、荣枯节律、生态智慧和生存策略，使艺术创作有依据、有来源、有基础。假如能从这个层面去对植物进行田野调查，必将开拓出更为广阔的植物艺术创作设计源泉。

一、植物科学画创作

以植物为题材的绘画种类繁多，此处列举植物科学绘画、植物自然笔记及植物版画创作，由此管中窥豹，了解植物之于绘画创作的重要地位。

植物科学绘画以植物为描绘对象，在科学研究的范畴之内，通过艺术的语言和绘画技法来科学、客观、真实、艺术、完美地呈现植物的外部形态和内部组织结构，是表现植物和认识植物的一个重要手段。其特点是将科学和艺术进行有机结合，使描绘出的画面内容既具有严格的科学性，又具有较强的艺术性，将科学与美学融为一体，达到和谐统一。

我热爱大自然的一切，尤其对植物情有独钟。空闲时我喜欢蹲在路边、山脚、草坡或某个角落静静地观察一株野草或者一朵野花的精巧结构，我时常被大自然无所不在的美以及造物主的巧夺天工所震撼。观察之余，我喜欢用画笔将它们记录下来，当细细地描绘这些植物精灵的时候，我的内心感觉喜悦、安宁。

专业背景使我积累了大量的植物资料，对植物有一定的认知，但这个认知一开始并不涉及对植物形态结构认知的层面。我与植物科学画的渊源始于2017年12月22日，这天对我来说是一个重要的时间节点，我在这天第一次参加了由浙江大学生命科学院赵云鹏教授发起和主办的植物科学画培训，第一次遇到了中科院第四代植物科学画家孙英宝，第一次知道了植物科学画这个画种，也第一次找到并明确了自己真正喜欢去做并希望能做一辈子的事。之后，我于2020年开始跟随刘思华老师系统地学习植物科学画，刘老师毕业于英国皇家植物园科学植物绘画专业，是独立学者、博物学与科学图鉴画家。

不具备严谨的植物科学内容的绘画作品，不能称之为植物科学画。一幅完美的植物科学绘画作品，建立在绘者对绘制对象进行深入观察和全面了解的基础之上。例如，植物科学绘画的"信息收集画"（information drawing）是植物科学画的重要环节，是搞清楚植物结构、透视关系不可逾越的步骤，这个过程包括追踪和观察该植物一年四季的变化、每一个结构的形态特征等内容。只有在充分调研的基础之上，才能创作出好的植物科学绘画作品，并在植物科学研究中体现其独特的学术价值和艺术价值。

以下为我近几年的部分植物科学画作品。

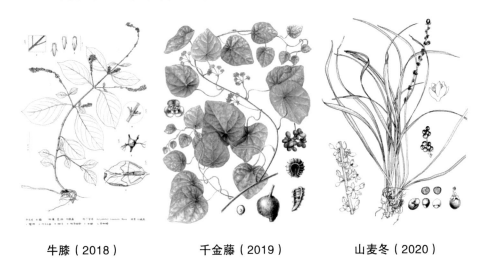

牛膝（2018）　　　　千金藤（2019）　　　　山麦冬（2020）

二、植物自然笔记创作

美国自然观察家、艺术家、教育家克莱尔和查尔斯在《笔记大自然》中用两种指尖艺术——书写与绘画，来传递大自然的色彩与神奇。字里行间有流动的色彩、凝固的字迹、停驻的脚步、飞扬的神思，所有珍贵而不被注意的，都可以在这里找到。

在观察自然的过程中，进行自然笔记创作是一种与自然重建联系的极佳方式。什么是自然笔记？自然笔记是通过对大自然的观察，采用绘画和文字结合的方式来进行创作的一种艺术形式。为大自然做笔记，是亲近自然、了解自然、向大自然学习的绝佳方式，做自然笔记的过程，就是和自然真实相处的过程。在精心描绘自然物的时候，会发现很多都是我们从未留意过的，

大自然会给我们带来无限惊喜。自然观察还可以提高我们对环境的敏感度，培养专注力，让我们沉下心来感受大自然的无穷奥秘。

自然笔记一般包含六大要素：时间、地点、天气状况、记录人、记录物种的特征和个人感受。

对于不熟悉的物种，可以在观察之前先查阅相关资料，了解相应的知识，尽量确保记录的准确性。自然笔记记录角度和形式多样，可以根据自己的兴趣从不同的角度出发。它既可以是你对一个物种的长期定点观察，也可以是你在同一时间对不同物种的对比。或许你没有绘画功底，或许你之前从未学习过植物学和昆虫学的知识，但只要你有亲近自然的心，并用笔记录下你的所看所思，就能够拥有陪伴你成长的独一无二的自然笔记。

自 2019 年开始，我开设了一门"植物那些事"公选课，面向全校各专业开放。课程通过"了解—观察—探究—记录—内化吸收"五步走的教学模式，指导学生把对植物的观察通过植物自然笔记的方式表达出来，并能使学生通过这种方式对大自然进行持续细致的观察，在今后的工作及生活中成为一种积极健康的生活方式，由此和自然建立密切联系。

正如卢梭所说的那样："不管对于哪个年龄段的人来说，探究自然奥秘都能使人避免沉迷于肤浅的娱乐，并平息激情引起的骚动，用一种最值得灵魂沉思的对象来充实灵魂、给灵魂提供一种有益的养料。"[1] 观察植物，并为它们作自然观察记录，就是一种非常好的方式。

"植物那些事"课程开设以来深受学生喜爱，大部分学生没有绘画基础，但因为对植物的热爱，通过用心观察，创作出很多优秀的植物自然笔记作品。更重要的是，课程在提高学生的艺术修养和审美能力的同时，使学生能进一步认知植物对于人类和地球可持续发展的重要性，进而更好地去保护地球、保护环境，促进人与环境的和谐共生，使学生形成正确的人生观和价值观。

在此介绍一种另类自然笔记——小豆本。

圆蜗牛老师是蜗牛社创始人，在自然教育领域有非常丰富的实践经验，她是另类自然笔记——小豆本的践行者，在原有豆本的基础之上，她演绎出丰富多采的形式和内容，极大拓展了豆本的功能和内涵。

---

① 卢梭. 植物学通信 [M]. 2 版. 熊姣，译. 北京：北京大学出版社，2013.

豆本来源于日本，已经有几百年的历史，指尺寸较小的迷你书本。早在 16 世纪的欧洲，也曾流行豆本，《圣经》就曾被印刷在这种超级迷你的小本上。小豆本尺寸小巧、取材便利，什么纸都可以制作，只要不是太厚，方便折纸就行。蜗牛老师对于小豆本的运用及演绎可谓炉火纯青，使小小的豆本具有了记录自然、植物、生活、学习、亲情等无所不能的强大功能。小豆本的基础款可以用一张 A4 大小的纸折剪而成，只有 4 页左右。制作中几乎可以不用剪刀，如果折纸折得够挺括，可以用撕的方法来取代剪刀。

圆蜗牛老师的小豆本

小豆本体量很小，能很快把自己想表达的内容完成，就像写短篇小说或发微信，可以迅速成书，很贴合现在这种"短平快"的时代节奏。正因为小豆本的简单，所以小豆本可以做到变化无穷，我们可以根据自己的喜好演绎出各种各样的版本，玩出自己的特色和花样。

2021 年暑假，我在斯宅领略了小豆本的魔力之后，曾拜托圆蜗牛老师将当时她制作的 9 本小豆本专程寄给我进行了欣赏和学习，让我切身感受到了小豆本的强大记录功能。后来，我也曾经以博物画为内容制作过一本小豆本，准备送给我的儿子。因此，总的来说，做自然笔记相关内容的小豆本可以有很多的延伸。豆本的万能玩法体现在它的应用领域多元，制作模板多样，灵活应变，在内容上也可以开创一片自得其乐的小天地。小豆本确实可以让人开启全新的自然观察和记录的方式。

我送给儿子的自制小豆本

小豆本是全能的，适合每一个人。

三、植物版画创作

版画是一门间接性的绘画艺术，它有别于直接描绘的一般性绘画，而是充分利用媒材的性质，通过雕刻、照相、感光、腐蚀等物理或化学的处理方式制作出印版，然后借助印刷的方式，将图像印到纸张、织物、金属、玻璃、合成材料等承印物上。虽然各个版种的制版方式不同，但是最终形成的画面都要通过印刷的手段，因此简而言之，版画就是"印"出来的绘画。

现代版画由于信息传播方式的进步、文化模式的更替和艺术思潮的影响，不再承载复制的功能，而是作为独立的视觉艺术，以一种特殊的审美方式进入艺术的范畴。版画家在版画作品的创作过程中，亲历了构思、绘稿、制版、印刷等每一个创造性过程，完整地体现了他们的艺术构想。这种个人化的艺术创作，就是我们今天的现代版画。

植物也经常出现在版画作品中，成为版画创作的对象之一。

附录二　景观设计中的植物艺术创作

从 2021 年开始，我结合自己对植物多年的观察经验，在景观设计类课程教学、学生竞赛及毕业设计的过程中，逐渐开始探索在对植物进行观察的基础之上以植物为媒介进行设计转化创作的尝试。通过观察与创作提高学生对环境的敏感度，培育自然审美意识的同时培养专注力和创造力，与自然重建联系，感受美、欣赏美进而创造美。

景观设计中的植物艺术创作思路如下。

（1）以薛富兴的自然审美方法论为指导。

（2）选定进行设计转化的植物对象。

（3）从"物相""物性""物功""物史"四个角度对植物进行深入观察，在观察基础上收集资料，形成对该植物系统全面的认知。

（4）对以上植物资料进行设计转化，运用到相应的景观环境中，达到植物科普及满足审美和使用的要求。

其中，设计转化包含两个步骤的尝试。

第一步，植物图像创作。了解特定物种整体及其根、茎、叶、花、果实、种子等基本形态和内在的生物属性，包括植物的生活习性、荣枯节律、生存技能、竞争互补、物种间相互依赖等方面的特性，令设计者以身临其境的体验去感受植物生命的伟大神奇、物竞天择的生存智慧，在感悟植物生命的过程中学习植物智慧并思考如何将其运用于设计中，通过景观设计的形式倡导人与自然和谐共生等生态理念。

在植物图像创作的第一阶段，可以选择自然生长的整体植株、有代表性的形态优美的花枝或果枝等为目标植物，进行多角度拍摄，以能最大限度展现植物特点为原则选择最优的一张作为图像创作画面中的主体。可通过放大镜或显微镜对植物的各组成部分进行观察，并把它们合理排布在创作主体的周围，这些组成部分可以是该目标植物的根、茎、叶、花、果实、种子等任何一个我们感兴趣的元素，甚至可以包含与该植物互为依赖的昆虫、鸟类等，都可以作为画面备选元素。

通过以上的准备就可以进行植物图像创作的第二个阶段，这个阶段需要我们在发掘植物形态结构特有的构造、肌理、质地、颜色、节奏、韵律等层面美的基础之上，进行图像创作，建立设计图像资料库。

一幅植物图像创作成果，可以包含和表达该植物最具特点的部分，不仅具有优秀的设计图版，而且具有丰富的植物信息，还对观察者具有视觉引导作用，兼具美观性、趣味性、科学性，也是下一步设计的灵感来源。

第二步，植物设计转化。通过对植物的深度观察、资料查询、图像转化，在设计转化创作阶段，就可以提取植物有典型特色或具有代表性的结构进行设计转化尝试，以不同的景观小品、构筑物、公共艺术装置等形式来营造景观环境，结合植物科普的相关内容，拓展景观环境的内涵与功能，丰富景观设计思路。

附录三　植物自然手作艺术创作

　　只要你去野外转一转，就能收获很多大自然赐予的宝物。枯叶、果实等看似不起眼，经过手工改造后却能展现出不一样的美。这就是自然手作的魅力。利用植物进行艺术再创作的精美作品，可以呈现以植物为媒介进行艺术创作的各种可能。

玉兰花苞和蝉蜕制作的毛猴儿

　　利用干燥的玉兰花苞即辛夷和蝉蜕一起制作的毛猴儿创意十足，活灵活现。毛猴儿制作历史悠久，起始于200多年前的清道光年间。传说在位于北京城南骡马市的"南庆仁堂"老药铺里，有个账房先生对店里的小伙计极其刻薄，伙计敢怒而不敢言。有一天一个伙计在摆弄药材时看到蝉蜕，灵光一现，他用辛夷来做躯干，用蝉蜕的鼻子来做脑袋，前腿做下肢，后腿做上肢，用白笈一粘，一个像人又像猴的小玩意儿便出现了，这个小人儿尖嘴猴腮，特别像刻薄的账房先生。就这样，世上第一个毛猴儿诞生了。毛猴儿流传到社会后被有心人加以完善，逐渐形成一种北京独有的民间工艺，也是老北京市井文化的写照。

蝉蜕　　　　　　　　　　玉兰花苞

果实手作

　　自然手作和其他艺术创作一样，都是用来表达心声的，这也是一个与自己对话的过程。松塔、橡果、化香树果实、树枝等都是手作的好材料。

香囊、蕨类手作和圣诞花环

每到端午节的时候，绍兴有将艾草、菖蒲等植物扎成束插在门口的习俗。艾香承载着礼与情，也是安养之道。艾草还常被用来制成香囊，佩戴在身上，老百姓认为如此可以起到驱邪、辟秽、招百福的作用，而且还有提神醒脑的保健功能。

蕨类是一种生命力极强的植物，是泥盆纪时期的低地生长木生植物的总称。"蕨"最早出现在我国《诗经》中的"言采其蕨"。它的别名很多，古代叫它蕨萁、月尔、綦等，民间又称它为龙头菜、蕨菜、米蕨草、如意菜等。记忆中小时候我常在田间地头遇见芒萁，那时候总喜欢摘下两片叶子，将叶子最顶端部分连接在一起，放在嘴巴上当胡子装扮成老人。雨蛙文化用蕨类植物制作的恐龙，形神兼备，令人眼前一亮。

圣诞树和圣诞花环是西方人过圣诞节必不可少的东西。在圣诞节这一天，他们会用冬青树枝编成花环挂在大门上，或是将几枝冬青摆放在餐桌上。冬青红艳艳的果实、绿油油的叶子，在寒冬腊月可以使人感到一股春天的气息。

现在圣诞花环的制作材料不只是简单的冬青或者槲寄生了。大自然赐予我们丰富的材料，如松塔、橡子、枫香果、松枝、柏枝等都比较合适，可以用柳条或韧性好的树枝做花环的基础框，再加上冬青、南天竹、栀子等鲜艳的果实，漂亮的圣诞花环就做好了。

植物滴胶

用干花、果实加滴胶可以制作美丽的植物滴胶作品。这些植物材料从被人欣赏的鲜花或被食用的果实，摇身变成首饰、挂件、手机壳等装饰和实用性物品。这种方式可以定格植物的美，留住植物的最美瞬间，也是植物艺术再创作的极佳方式。

植物标本画和树叶画

在大自然中对植物有选择地进行收集，把这些植物材料放进标本框，以此来锁定记忆和美化生活。创作标本画的过程，也是我们深度观察自然和植物的过程。

大自然还经常会给我们"发"一些画材，而且一到秋天就会特别慷慨，那就是五彩斑斓的叶子。这些叶子拥有不同的颜色、形状、质感，还有特别的图案，这些图案可能来自树叶本身，也可能是大自然中哪位小虫子的作品。在秋天，我们可以和大自然这位世界上最伟大的艺术家合作完成独一无二的树叶画作品。只需要准备一套荧光笔，带着我们的奇思妙想去大自然中收集一些落叶，我们就可以和大自然共同创作，如果想要保存树叶的颜色和形状，可以先收集好树叶，预先将其放进书本或压花器里干燥后再使用。

标本画和树叶画都是植物艺术创作的途径之一。

植物拓印

拓技艺是我国非物质文化遗产的重要组成部分，蕴含着独特的文化内涵和精神价值。我们所说的植物拓印，就是通过物理敲击，将新鲜植物叶片、花朵等的汁水印在纸或布等不同的媒介上，形成植物图案。同一种树叶，同一片花瓣，因拓印敲打的力度和频率的不同，会呈现出不一样的作品。

使用木锤敲击叶片的时候用力要均匀，确保叶片的每一部分都经过敲打，只有这样叶片汁水才能被均匀地印在介质上，形成清晰自然的叶片轮廓。

拓印的方法不仅仅可以通过敲击来完成，圆蜗牛老师的树皮拓印也独具创意。圆蜗牛老师使用平日拓制篆刻边款的一套工具来进行拓印。以圆蜗牛老师观察的紫薇树为例，需要在紫薇的树干上寻找痕迹优美的树皮作为拓印的图案，然后对这个图案进行拓印。要求如下。

（1）纸张选用宣纸、毛边纸皆可，吸水性强，能紧密贴合树皮。

（2）用棕刷反复刷树皮、纸与塑料膜，动作要沉稳，切忌急躁。

（3）预先备好拓包。

（4）墨汁切勿加水，拓包蘸墨后捻一捻，可在餐巾纸上试试出墨是否均匀再上墨。

（5）拓包拍打树皮时动作轻巧，用力均匀。

（6）揭拓片时要小心翼翼先掀起一个角，或者等完全干燥后自行脱落。

完成的树皮拓印作品，放在草地上，配上一片粉红色的花瓣，意境一下就出来了。将完成的树皮拓印作品转移到小豆本中，又可以收获一件意想不到的艺术品。拓印方法根据创作者的需求和效果可以做进一步的拓展和创新。

植物染

草木染（植物染）发源于史前时期，是一项古老的手工艺技术。在新石器时代，我们的祖先就在采集的过程中发现了许多花果植物的根、茎、皮、叶等部分可以通过一些方式来提取汁液，于是，植物染料开始出现。经过反复尝试摸索，我们的祖先掌握了运用植物汁液来染色的方法，传说轩辕黄帝时人们已经开始使用草木染色制衣。

植物染的原理是利用大自然中生长的各种含有色素的植物，提取其色素来给被染物染色，在染色过程中不使用或极少使用化学助剂，而直接使用从大自然中取得的天然染料，具有天然、环保以及现代工业染织无法表现的艺术性。

自然中的很多植物都含有色素，比如含有红色素的茜草、红花、苏木，含有黄色素的栀子、姜黄、洋葱皮，含有蓝色素的靛青、菘蓝、木蓝，含有绿色素的艾草、冻绿等，这些都是很好的染色媒介。植物加入不同的媒介剂（白矾、皂矾、铁锈等）还能染出更多不同的颜色。

以栀子为例，它被用来作为纯天然染色材料的历史非常悠久。《汉官仪》中记载："染园出栀、茜，供染御服。"在古代，不同的颜色象征不同的身份等级，而黄色象征最高等级，这个"黄"就是从黄栀子中萃取而来的。黄栀子内所含的栀子黄素中的西红花酸是一种不常见的水溶性胡萝卜素，它是着色剂，也是营养剂。

植物染使用环保、绿色的工具，染色过后的液体和残渣还能归还自然、快速降解，滋养自然中的其他草木。

附录四　植物与美食

民以食为天。讲植物自然不能少了美食。《诗经》着眼于植物的食物属性，描述了植物是老百姓日常生活中不可或缺的美食。清清爽爽的植物系美食，是大自然赐予我们的健康馈赠。

在本部分收集了半边莲老师拿手的六种日常植物美食。半边莲老师不仅是"植物达人"，更是一位"美食达人"。我以前曾经多次跟随半边莲老师做过青团和乌米饭，品尝自己的手制美味，唇齿留香，那种幸福感一直到现在念念不忘。

木莲豆腐和桂花糕

鲁迅在《从百草园到三味书屋》中有这样的描述："何首乌藤和木莲藤缠络着，木莲有莲房一般的果实……"鲁迅的弟弟周作人在《园里的植物》中也提到了木莲："木莲藤缠绕上树，长得很高，结莲房似的果实，可以用井水揉搓，做成凉粉一类的东西，叫作木莲豆腐。"这里的"木莲"就是一种名为"薜荔"的爬藤植物。将薜荔的籽粒从籽房挖出来后晒干放进水中揉搓，加凝固剂后凝固而成的木莲豆腐就是一道江南著名的消暑甜品。薜荔果有公母之分，只有母果才能制成凉粉。薜荔种子呈蝌蚪形，所得的木莲豆腐颜色微黄。

木莲豆腐的制作方法并不复杂。第一步，收集薜荔籽晒干备用。第二步，将收集晒干的薜荔籽用纱布包起来，取一个盛满冷水的容器，将纱布包裹的薜荔籽浸泡其中并不停挤压。随着挤压，产生越来越多黏稠的汁液和水，直至挤压出的不再是黏稠的汁液为止，再将其混合在一起。这个过程是体力和耐力的考验，挤压得越透彻，制成的成品口感越好。第三步，完成挤压后，加入一种名为"水滴拢"的凝合剂，也可以加入不太多的藕粉进行拌和，促进汁液凝固。第四步，将此时依然呈液体状的薜荔汁半成品放入冰箱，冷藏3～5小时后取出，果冻状、诱人的木莲豆腐就做成了。用勺子将晶莹剔透的木莲豆腐挖进碗里，按个人口味和喜好进行调味，送一口进嘴里细细品尝，是对味蕾的极大犒赏。

桂花糕也是中国的传统美食，至今已有300多年的历史。记忆中小时候父母经常会买来一种名为"冰雪糕"的小零食，在哄骗下让年幼的兄长和我在夏天帮忙干点农活。"冰雪糕"口感冰凉细腻，不知与桂花糕是否是同一种。桂花糕采用糯米粉、冰糖粒和蜜桂花制作而成，糕体柔软细腻，口感清香。

关于桂花糕，还有一个传说。据传有一个名叫杨升庵的书生进京赶考，在赶考途中梦见了魁星，魁星在梦中问他想不想去月宫折桂，杨升庵直接答应了下来，于是被龙王亲自带到月宫折桂。后来在梦中顺利折桂的杨升庵在现实中也考中了状元。有了这个美丽的传说，一个小贩取了其中的吉意，他将鲜桂花收集起来，挤去苦水，用糖蜜浸渍，并与蒸熟的米粉、糯米粉、熟油、提糖拌和，做成香糯可口的糕点，取名桂花糕。很多考生为图个吉利纷纷购买，于是这种糕点很快在民间流行开来，桂花糕的制作方法也就这么流传下来了。

现在桂花糕的做法很多，这里介绍其中较为简单的一种。准备糯米粉500克，粳米粉250克，糖桂花和植物油适量。第一步，为了有更好的口感，先将糯米粉、粳米粉用细网筛过，再加入适量白糖，倒入清水揉拌均匀，注意尽量揉拌透彻。第二步，将揉透的糕粉放入蒸笼蒸15分钟左右。接着将蒸过的糕粉用湿纱布包住，不断揉捏，直至使粉面变得光滑细腻。第三步，在案板上将糕粉按压平，拉成长条，抹上植物油，撒上晒干后的桂花，用刀切或用模型制成自己想要的形状即可。

从桂花到桂花糕，想象着只需轻咬一口，糯米粉那松软滋糯的质感，从舌尖传来甜蜜的讯号，夹着桂花沁人心脾的淡香，让整个人沉溺于幸福之中。

荠菜鸡蛋和艾饺

荠菜和艾草都是清明前后的美食原料。

荠菜不仅营养丰富，还有很高的药用价值。春季刚刚冒出地面鲜嫩的荠菜，蕴含了整个冬季的营养成分，此时的荠菜口感最好，是极好的食材。从野地里采摘新鲜的荠菜，洗净焯水，用手拧干水分，切碎，可以和蛋液一起搅拌煎熟，也可以做成金黄的鸡蛋卷，色香味俱全。

除了荠菜外，艾饺也是清明的必备美食。艾草又叫艾叶、艾蒿、炙草等，一般采用尖端嫩芽和叶部分，剁碎或打成汁液，拌入米粉、面粉，做成青团、糍粑、艾饺等食物，还可搭配鸡蛋或瘦肉煮汤食用。《中国植物志》中描述，艾全草入药，有温经、去湿、散寒、止血、消炎、平喘、止咳、抗过敏等作用。以节前的艾草为最佳。每年这个时候，我常会约上三两好友去郊区采摘鲜嫩的艾叶，回来后择洗干净，焯水，用手将水分挤干。如果制作就现场动手，如果不着急就先分成小团，用塑料袋包好，冷冻在冰箱中，随时取用。

半边莲老师不仅能制作精美的手作，对美食也颇有研究，真可谓心灵手巧。我尝过好多次他制作的青团和艾饺，到现在都流口水。我也跟着做过几次，但总不得要领，干脆就心安理得地直接享受美食了。

我特别向他要了艾饺的制作方法，大致分为三种方式，记录如下。

第一种是最传统的做法。将艾草煮熟后和汁水一起趁热倒入糯米粉和粳米粉的混合物中，充分揉搓上劲后，包入自己喜欢的馅料即可。绍兴地区最常见的咸口是咸菜笋丁馅，甜口是白糖芝麻馅和芝麻猪油馅。

第二种是在传统方法基础之上稍加改进的做法。艾草煮熟后切碎，再加入适量清水重新入锅煮沸，加入适量糯米粉，加热搅拌，出锅后待温度下降，倒入剩下的米粉混合物，揉搓至光滑的面团即可包馅。这种方式做出来的面团黏性更好，包馅时不易开裂。

第三种是商店里卖的成品多数采用的制作方式。即将糯米粉和粳米粉充分混合后加入 60% 的水，蒸熟，另备艾草，煮熟切碎后再次蒸上，将煮熟的米粉团、艾草碎、白砂糖、食用油一并混合，揉搓上劲，包入预制馅料，再用保鲜膜包裹即可。

蒸制而成的艾饺色泽翠绿，味道清香，略带苦味，吃起来别有风味，令人念念不忘。

乌米饭和竹筒饭

乌饭树又名南烛，古称染菽，是一种上好的养生食疗植物，具有益气生精、凉血养精、明目乌发等功效。"岂无青精饭，使我颜色好"，自古以来，民间就有吃乌米饭的习俗，乌米饭颜色蓝中带紫，气味清香。

记得在 2018 年，我曾经和香农自然的小伙伴专门去山里找寻乌饭树，采摘新鲜的叶子回来制作乌米饭。因为不得要领，蒸出的米粒口感偏硬。

乌米饭的制作流程略复杂。准备适量糯米、乌饭树叶。第一步，摘取老嫩合适的乌饭树叶，洗净。第二步，放在料理机中加水打成汁，滤去叶渣。第三步、糯米洗两遍。第四步，用过滤后的叶汁浸泡糯米。第五步，糯米

浸泡了浸泡一天后，倒去多余的水。第六步，按个人口味准备好配料，比如葡萄干、红枣、瓜子仁等，红枣切碎。第七步，放在锅上蒸 40 分钟至熟。可以包成粽子、切成片，可以卷上肉松、火腿肠，也可以搓成汤圆，里面包裹加入白糖的黄豆馅，美味至极。

竹筒饭是用新鲜的竹筒装上大米及调味料烤熟的饭食。竹筒饭风味独特，源远流长，多用于山区野外制作或在家里用木炭烤制。烤竹筒饭又叫竹筒香饭，是生活在海南岛黎族同胞上山打猎或开垦荒山时野炊的食品，除了素烤白饭，还可以加入野味，如野猪、黄棕和鹿肉等，拌上酱油和精盐，烤出的饭更香更好吃。现在竹筒饭已成为一种具有特殊风味的旅游野餐食品，制作竹筒饭也成为自然教育中家长和小朋友体验自然和自制美味的常备项目之一。

青翠的竹节里，米饭酱黄，香气飘飘，口感柔韧，味道极佳。

在自然中发现美、感受美，再将美进行转化，这件事可以做一辈子。

参考文献

[1] 王鹤.植物仿生公共艺术[M].北京：机械工业出版社，2019.

[2] 巴哈蒙，普雷兹，坎佩略.植物与当代建筑设计[M].王茹，贾颖颖，陈林，译.北京：中国建筑工业出版社，2019.

[3] 哈伯德.种子的自我修养[M].北京：商务印书馆，2020.

[4] 马炜梁，寿海洋.植物的"智慧"[M].北京：北京大学出版社，2021.

[5] 杨小峰.追随昆虫[M].北京：商务印书馆，2020.

[6] 莱斯利.笔记大自然[M].上海：华东师范大学出版社，2008.

[7] 卢梭.植物学通信[M].2版.熊姣，译.北京：北京大学出版社，2013.

[8] 马炜梁.中国植物精细解剖[M].北京：高等教育出版社，2018.

[9] 英国DK出版社.DK植物大百科[M].北京：北京科学技术出版社，2020.

[10] 马炜梁.植物学[M].2版.北京：高等教育出版社，2015.

[11] 孙英宝，李振基.植物科学绘画+自然教学法之基础篇[M].北京：中国林业出版社，2020.

[12] 罗小未.外国近现代建筑史[M].2版.北京：中国建筑工业出版社，2004.

[13] 薛富兴.自然美特性系统[J].美育学刊，2012，3（1）：11–23.

[14] 薛富兴.环境美学视野下的自然美育论 [J].福建师范大学学报（哲学社会科学版），2019（5）：85–95，169.

[15] 马草.薛复兴环境美学研究述评 [J].鄱阳湖学刊，2022（3）.

[16] 李关锋，莫聪让，桑景拴.论藤蔓植物及其在城市绿化中的应用 [J].中国林副特产，2011（5）：116–117.

[17] 王贺强.西方艺术创作中的植物观念案例分析 [J].美术教育研究，2021（12）：28–29.

[18] 王京成，王萌.植物图形创意在视觉传达设计中的应用：评《景观植物设计》[J].植物学报，2020，55（6）：804.

[19] 施琳琳，冯都通.艺术作品中植物媒介的特点及意义 [J].大众文艺，2011（13）：299.

[20] 邵明慧.植物在艺术创作中的创作和应用 [D].杭州：中国美术学院，2018.

后记

　　2022 年 2 月 16 日，壹木自然读书会主持人林捷（小丸子）老师对《种子的自我修养》这本书做了一次读书分享。之所以专门放在后记中进行转述，不仅因为林捷老师是"观察一棵树"的发起人，更为重要的是通过林捷老师的深入解读，我发现自己观察一棵树的方式方法与思考模式竟然与《种子的自我修养》这本书不谋而合，这多少令我觉得有点窃喜，也更加坚定了以这种方式继续记录下去的信心。

　　小丸子老师在她的分享中指出，《种子的自我修养》的作者哈伯德为我们观察一棵树提供了一种定点观察植物的样板，还从专业的角度为"观察一棵树"指明了方向。《种子的自我修养》的目录很简单，1—12 月，每个月的哪一天发生了什么事情，有则记录，无则空白。该书的内容也不仅是单纯的观察记录，还融入了很多作者在观察时的思考。该书作者给读者传递了一个信息，即科学家在做科学的过程中，可以不限于在实验室内对着冷冰冰的仪器做客观的数据统计和分析，还可以有很多对生命的观察、思考和感受。

　　本书得以顺利完成，特别感谢壹木自然读书会主持人林捷（小丸子）老师发起了如此美好及有意义的"观察一棵树"活动；感谢赵云鹏教授引领

下的"如何观察一棵树"智囊团，给我以明确的方向和方法，保证一年观树的顺利推进并取得了丰硕成果。

感谢有超强执行力的大组长夏艳老师，有超级能量的玉兰组组长超妈、红丽老师、胡勇老师，玉兰组的贝贝、晓青、苏打、蒲公英、紫叶、结香、闲云、易咏梅、李宏、肖祖迅等老师，以及大鸟老师、王彬老师、CC 老师等所有的树友、群友，你们给予我无穷的资源和灵感。

感谢为植物艺术创作提供珍贵实践资料的杨小峰（翅膀）老师、半边莲老师、圆蜗牛老师、豆包菜老师、树蛙老师、小雅老师，以及为笔者提供丰富素材的"童心在野""雨蛙文化""帽峰山筑栏小憩""植物星球"等公众平台。

还要特别感谢在本书后期整理过程中帮助我厘清思路的同事兼好友彭孟宏，她为我推荐的薛富兴的自然美特性系统相关论述使我确立了本书的逻辑框架及研究方向，对我有很大的启发。

本书为浙江省高等教育"十四五"教学改革项目（项目编号：jg20220544）、教育部高等教育司 2022 年度产学合作协同育人项目（项目编号：220603686242027）和校企合作"植物景观设计与应用"项目、2022 年绍兴市教育科学规划立项课题（SGJ2022012）的成果组成部分。

由于专业水平有限，时间仓促，本书中难免会有不足之处，敬请读者批评指正。

叶晓燕

2023 年 1 月